Ermittlung der Qualitätskosten bei Bauteilen mit unsicherheitsbehafteten geometrischen Merkmalen durch additiv gefertigte Prozessprototypen in Kleinserien

Determination of Quality Costs for Components with Uncertain Geometric Characteristics Using Additively Manufactured Process Prototypes in Low Volume Production

Von der Fakultät für Maschinenwesen
der Rheinisch-Westfälischen Technischen Hochschule Aachen
zur Erlangung des akademischen Grades eines
Doktors der Ingenieurwissenschaften
genehmigte Dissertation

vorgelegt von

Henning Bernd Voet

Berichter/in:

Univ.-Prof. Dr.-Ing. Robert Schmitt
apl. Prof. Dr.-Ing. Thomas Prefi

Tag der mündlichen Prüfung: 22. Dezember 2023

ERGEBNISSE AUS DER PRODUKTIONSTECHNIK

Henning Bernd Voet

Ermittlung der Qualitätskosten bei Bauteilen mit unsicherheitsbehafteten geometrischen Merkmalen durch additiv gefertigte Prozessprototypen in Kleinserien

Herausgeber:
Prof. Dr.-Ing. T. Bergs
Prof. Dr.-Ing. Dipl.-Wirt. Ing. G. Schuh
Prof. Dr.-Ing. C. Brecher
Prof. Dr.-Ing. R. H. Schmitt

Band 25/2024

Bibliografische Information der Deutschen Nationalbibliothek
Die Deutsche Nationalbibliothek verzeichnet diese Publikation in der Deutschen Nationalbibliografie; detaillierte bibliografische Daten sind im Internet über https://portal.dnb.de abrufbar.

Henning Voet:

Ermittlung der Qualitätskosten bei Bauteilen mit unsicherheitsbehafteten geometrischen Merkmalen durch additiv gefertigte Prozessprototypen in Kleinserien

1. Auflage, 2024

Gedruckt auf holz- und säurefreiem Papier, 100% chlorfrei gebleicht.

Wissenschaftsverlag des Instituts für Industriekommunikation und Fachmedien
an der RWTH Aachen
Steinbachstr. 25, 52074 Aachen
Internet: www.apprimus-verlag.de, E-Mail: info@apprimus-verlag.de

Druck: CPI Druckdienstleistungen GmbH
Ferdinand-Jühlke-Straße 7 | 99095 Erfurt

ISBN 978-3-98555-242-9

D 82 (Diss. RWTH Aachen University, 2023)

Vorwort

„In der Mitte von Schwierigkeiten liegen die Möglichkeiten."
(Albert Einstein, 1879 – 1955)

Bezogen auf die Tätigkeit am Werkzeugmaschinenlabor WZL der RWTH Aachen beschreibt dieses Zitat eine bedeutsame Geisteshaltung: Herausfordernde Situationen und Aufgaben sind als Chance für die persönliche Weiterentwicklung zu sehen.

Die vorliegende Arbeit entstand im Rahmen meiner Tätigkeit als wissenschaftlicher Mitarbeiter am Lehrstuhl für Fertigungsmesstechnik und Qualitätsmanagement des Werkzeugmaschinenlabors WZL der RWTH Aachen University.

Ich danke besonders meinem Doktorvater Herrn Prof. Dr.-Ing. Robert Schmitt für die fachliche Betreuung der Arbeit und die Möglichkeit, abwechslungsreiche und anspruchsvolle Aufgaben an seinem Lehrstuhl zu bearbeiten, an denen ich persönlich wachsen und meinen Erfahrungshorizont erheblich erweitern konnte. Herrn Prof. Dr.-Ing. Thomas Prefi bin ich dankbar für das fachliche Interesse an meiner Arbeit und die Übernahme der Rolle des zweiten Berichters. Außerdem danke ich Herrn Prof. Dr.-Ing. Achim Kampker als Beisitzer und Frau Prof. Dr.-Ing. Katharina Schmitz für die Übernahme des Prüfungsvorsitzes.

Mein besonderer Dank gilt außerdem meinen ehemaligen Kolleginnen und Kollegen für die erfolgreiche Zusammenarbeit und die gute Zeit am Lehrstuhl. Ich möchte mich insbesondere bei Hannes Elser, Max Ellerich, Sebastian Groggert und Jan Kukulies für den intensiven fachlichen und freundschaftlichen Austausch und die konstruktiven Diskussionen bedanken, die zum Gelingen dieser Arbeit beigetragen haben.

Max Ellerich danke ich zudem für die Begleitung des Promotionsprozesses als Oberingenieur sowie die umfangreiche Durchsicht der Arbeit. Außerdem bedanke ich mich bei meinen studentischen Mitarbeitern und Abschlussarbeitern für ihr Engagement und die Unterstützung meiner Forschungsarbeit.

Für ihre Unterstützung während des Studiums und in der Promotionszeit bedanke ich mich bei meiner Schwester Henrike und ganz besonders bei meinem Bruder Hanno. Mein größter Dank gilt meinen Eltern, Ruth und Heinrich Voet. Sie haben mir das Studium ermöglicht und mich auf die heutigen Herausforderungen bestmöglich vorbereitet. Ihnen widme ich diese Arbeit.

Münster, im Mai 2024

Henning Bernd Voet

Zusammenfassung

Viele Unternehmen in Deutschland begegnen den stetig steigenden Kundenerwartungen und einem hohen Wettbewerbsdruck mit komplexen Produkten im Premiumsegment. Diese Produkte müssen hohen Qualitätsanforderungen genügen. Bereits das erste Produkt, das den Kunden erreicht, muss diese Anforderungen erfüllen. Kostspielige Produktrückrufaktionen müssen vermieden werden, auch damit kein Reputationsschaden für den Hersteller entsteht. Daher muss im gesamten Produktentstehungsprozess die Qualität in den Fokus gerückt werden – ohne die Wirtschaftlichkeit in der Entwicklung und der Produktion zu vernachlässigen. Eine frühzeitige Validierung anhand von verschiedenen Modellen in Form unterschiedlicher Prototypen ist eine Möglichkeit, um die Produktreife in den einzelnen Phasen der Produktentstehung frühzeitig abzusichern. Diese Prototypen werden häufig mit additiven Fertigungsverfahren in Kleinserien hergestellt. Um dabei die Wirtschaftlichkeit und die Kosten der Qualität stetig im Blick zu behalten, ist es das Ziel dieser Arbeit, eine Methodik zur Bestimmung der Qualitätskosten bei additiv gefertigten Bauteilen zu entwickeln.

Zunächst werden die Terminologie und die wissenschaftlichen Grundlagen in den Objektbereichen Prototypen, additive Fertigungsverfahren, Bauteilprüfungen und Qualitätskosten beschrieben und die Forschungsdefizite identifiziert. Daraus resultierend wird eine Systematik für den Einsatz von Prototypen in der Produktentwicklung erarbeitet, welche auf einem Prozessmodell der integrierten Produktentwicklung basiert. Es wird ersichtlich, dass Funktions- und Prozessprototypen in Kleinserien insbesondere in den fortgeschrittenen Phasen des Entwicklungsprozesses eingesetzt werden. Diese Prototypenarten werden häufig mit additiven Fertigungsverfahren hergestellt, wobei aufgrund von Instabilitäten im Herstellungsprozess oft Prüfungen erforderlich sind. Diese Prüfungen sollen insbesondere bei der Produktion von Kleinserien die teilweise hohen Anforderungen an die Bauteilgenauigkeit sicherstellen und damit die Wirtschaftlichkeit insgesamt gewährleisten.

In der Methodik zur Bestimmung der Qualitätskosten bei additiv gefertigten Bauteilen werden neben den Unsicherheiten bei den geometrischen Abmessungen der Bauteile auch die Herstell- und Prüfkosten berücksichtigt. Die Methodik gliedert sich in drei Phasen. Nach der Identifikation und der Priorisierung der Prüfmerkmale in der ersten Phase wird in der zweiten Phase eine Vorauswahl der potenziellen Prüfmittel vorgenommen und die Eignung anhand zu erfüllender Bedingungen geprüft. In der dritten Phase erfolgt die Berechnung der Qualitätskosten. Die Qualitätskosten setzen sich aus den Fehlerkosten und den Fehlerverhütungskosten zusammen. Insbesondere für die Fehlerkostenberechnung sind eine Vielzahl von Eingangsparametern erforderlich. In zwei speziellen Modulen werden daher zum einen die Herstellkosten eines additiv gefertigten Bauteils und zum anderen die Unsicherheiten in Form des α- und des β-Fehlers ermittelt.

Nach der Validierung der einzelnen Module wird abschließend die gesamte Methodik anhand des Fallbeispiels eines additiv gefertigten Urmodells für das Vakuumgussverfahren validiert. Das Urmodell stellt das Gehäuse eines Prototypfrontscheinwerfers für PKW dar. Anhand zweier Prüfszenarien wird nachgewiesen, dass sich mit der entwickelten Methodik die Qualitätskosten von additiv gefertigten Prototypen für unterschiedliche Prüfungen modellieren lassen.

Summary

Many companies in Germany are meeting continuously rising customer expectations and high competitive pressure with complex products in the premium segment. These products have to meet high quality requirements. Even the first product to reach the customer must comply with these requirements. Costly product recalls have to be avoided, also to prevent damage to the manufacturer's reputation. For this reason, the focus must be on quality throughout the entire product development process - without neglecting cost-effectiveness in development and production. Early validation using various models in the form of different prototypes is one way of ensuring product maturity at an early stage in the individual phases of product development. These prototypes are often produced in small batches using additive manufacturing processes. In order to keep a constant eye on the economic efficiency and the costs of quality, the aim of this thesis is to develop a methodology for determining the quality costs of additively manufactured components.

First the terminology and the scientific basis in the object areas prototypes, additive manufacturing processes, component inspections and quality costs are described and the research deficits are identified. As a result, a systematic approach for the use of prototypes in product development is elaborated, which is based on a process model of integrated product development. It becomes apparent that functional and process prototypes are used in low volume production, particularly in the advanced stages of the development process. These types of prototypes are often produced using additive manufacturing processes with frequent inspections required due to instabilities in the manufacturing process. These tests are intended to ensure the sometimes high requirements for component accuracy, particularly in the production of small batches, and thus to guarantee overall economic efficiency.

In the methodology for determining the quality costs of additively manufactured components, manufacturing and inspection costs are taken into account in addition to the uncertainties in the geometric dimensions of the components. The methodology is divided into three phases. After the identification and prioritization of the inspection attributes in the first phase, a pre-selection of the potential inspection equipment is carried out in the second phase and the suitability is checked on the basis of conditions to be fulfilled. In the third phase, the quality costs are calculated. The quality costs consist of the failure costs and the failure prevention costs. In particular, a large number of input parameters are required for the failure cost calculation. In two special modules, therefore, the manufacturing costs of an additively manufactured component are determined on the one hand and the uncertainties in the form of the Type I and Type II errors on the other.

After validation of the individual modules, the entire methodology is finally validated using the case study of an additively manufactured master model for the vacuum casting manufacturing technique. The master model represents the housing of a prototype headlamp for passenger cars. Using two inspection scenarios, it is demonstrated that the developed methodology can be used to model the quality costs of additively manufactured prototypes for different inspections.

I Inhaltsübersicht

II Inhaltsverzeichnis

III Abkürzungen

Abkürzung	Beschreibung
AM	mit additiven Verfahren hergestellt (engl. additiv manufactured)
CAD	rechnerunterstütztes Konstruieren (engl. computer-aided design)
CT	Computertomographie
ET	Entwicklerteam
FDM	Fused Deposition Modelling
FMEA	failure mode and effects analysis
KMG	Koordinatenmessgerät
LOM	laminated object manufacturing
PO	Product Owner
SL	Stereolithografie
SLM	selektive Laserschmelzen
SLS	selektives Lasersintern
STL	Surface Tesselation Language
SM	Scrum Master
VDA	Verband der Automobilindustrie

IV Abbildungsverzeichnis

V Tabellenverzeichnis

1 Einleitung

1.1 Praktische Relevanz des Themas und Problemstellung

In vielen Unternehmen in Deutschland wird der Qualität eine hohe Bedeutung beigemessen. Der globale Wettbewerb und der resultierende Kostendruck sowie steigende Kundenerwartungen und eine zunehmende Komplexität der Produkte sind gewichtige Gründe dafür.[1] Im Rahmen der betriebswirtschaftlichen Optimierung von Unternehmen wird der Einsatz von Qualitätsmethoden jedoch immer wieder hinterfragt. Daher sollten die Kosten, die mit Qualität auf unterschiedlichste Weise verbunden sind, einer Analyse unterzogen werden. Denn beispielsweise Produktrückrufaktionen zur Fehlerbehebung zeigen immer wieder, dass daraus nicht nur erhebliche Kosten, sondern auch ernstzunehmende Reputationsschäden für die Hersteller resultieren.[2] Dabei hat sich zum Beispiel die Anzahl der qualitätsbedingten Rückrufaktionen von Fahrzeugen in Deutschland laut Kraftfahrt-Bundesamt in den Jahren 2010 bis 2020 mehr als verdreifacht.[3] Um potenzielle Fehler möglichst direkt und spätestens vor der Auslieferung an den Kunden zu erkennen und abzustellen, muss bereits in den frühen Phasen des Entwicklungsprozesses angesetzt werden.

Durch eine frühere Überprüfung der Produkteigenschaften mit Hilfe von Modellen und Prototypen lässt sich die Planungssicherheit erhöhen, sodass die Zahl später und damit aufwändiger Änderungen am Produkt verringert wird und sich dadurch die Gesamtkosten reduzieren[4]. Mit additiven Fertigungsverfahren lassen sich Prototypen in Kleinserien in der Regel schneller und kostengünstiger als mit den herkömmlichen Fertigungsverfahren herstellen[5]. Additive Fertigungsverfahren ermöglichen die direkte Herstellung dreidimensionaler physischer Objekte auf der Basis digitaler Modelle bzw. 3D-CAD-Datensätze[6]. Im Gegensatz zu den herkömmlichen Fertigungsverfahren wie Bohren, Fräsen oder Drehen wird kein Material abgetragen, sondern schichtweise aufgetragen. Insbesondere bei kleineren Losgrößen stellen die additiven Fertigungsverfahren im Vergleich zu den konventionellen Fertigungsverfahren die wirtschaftlichere Alternative dar[7]. Innerhalb der Klasse der additiven Fertigungsverfahren gibt es jedoch bei den zentralen Aspekten wie Herstellkosten, Oberflächenqualität und Nachhaltigkeit erhebliche Unterschiede zwischen den verschiedenen additiven Verfahren.[8]

Der Prototypeneinsatz beeinflusst den Produktentwicklungsprozess in der Regel positiv: Durch die physische Darstellung von Formen, Funktionen und Prozessen lassen sich bestimmte Aspekte sichtbar und

[1] Vgl. Brüggemann, H.; Bremer, P. (Grundlagen Qualitätsmanagement) (2020), S. 1ff.

[2] Vgl. ebenda (Grundlagen Qualitätsmanagement) (2020), S. 204.

[3] Vgl. Herzberg, S. (Quality Intelligence) (2023), S. 1.

[4] Vgl. Geuer, A. (Einsatzpotential des Rapid Prototyping in der Produktentwicklung) (1996), S. 12.

[5] Vgl. Ehrlenspiel, K.; et al. (Kostengünstig Entwickeln und Konstruieren) (2020), S. 252f.

[6] Vgl. Gebhardt, A. (Einführung in die Additiven Fertigungsverfahren) (2014), S. 2.

[7] Vgl. o.V. (Gutachten zu Forschung, Innovation und technologischer Leistungsfähigkeit Deutschlands 2015) (2015), S. 77.

[8] Vgl. Li, Y.; et al. (Cost, sustainability and surface roughness quality – A comprehensive analysis of products made with personal 3D printers) (2017), S. 4-10.

haptisch erfahrbar machen. Dadurch wird das Verständnis, die Kommunikation, die Validierung usw. positiv beeinflusst. Trotz der großen Potenziale von Prototypen ist deren Einsatz in Unternehmen vielfach geprägt durch eine unsystematische Vorgehensweise. Wissenschaftler fordern deswegen die methodische Integration des Prototypeneinsatzes als Kernelement des Entwicklungsprozesses.[9]

1.2 Zielsetzung und Forschungsfrage

Es ist das Ziel dieser Arbeit, eine Methodik zur Bestimmung der Qualitätskosten bei additiv gefertigten Komponenten zu entwickeln. Dabei sollen sowohl die Unsicherheiten bei den geometrischen Abmessungen der additiv gefertigten Bauteile als auch die Kalkulation der Herstellkosten und der Prüfkosten der additiv gefertigten Komponente berücksichtigt werden. Der Anwender soll dadurch eine Entscheidungshilfe für die Auswahl des einzusetzenden Prüfmittels erhalten.

Anhand des Ziels wird folgende Hauptforschungsfrage formuliert:

Lassen sich die Qualitätskosten von additiv gefertigten Prototypen aus Kunststoff merkmalspezifisch für unterschiedliche Prüfungen modellieren?

Folgende Forschungsfragen führen zur Beantwortung der Hauptforschungsfrage und geben damit die Struktur des Lösungsprozesses vor.

1. Welche Arten von Prototypen werden im Verlauf der Entwicklung eingesetzt und bei welchen Prototypenarten ist die Bestimmung der Qualitätskosten sinnvoll?
2. Wie muss eine Methodik ausgestaltet werden, die das Vorgehen von der Identifikation des Prüfmerkmals über die Auswahl des Prüfmittels bis zur Erhebung der Qualitätskosten detailliert abbildet?
3. Wie lassen sich die Herstellkosten von additiv gefertigten Bauteilen als wichtiger Bestandteil der Methodik detailliert abschätzen unter der Beachtung produkt- und unternehmensspezifischer Einflüsse?
4. Wie lassen sich die Unsicherheiten bei den geometrischen Abmessungen der additiv gefertigten Bauteile bei der Berechnung der Qualitätskosten in der Methodik berücksichtigen?

1.3 Wissenschaftstheoretische Einordnung

Gemäß ULRICH sind die Ingenieurwissenschaften den Realwissenschaften zuzuordnen.[10] In Abbildung 1-1 ist die Wissenschaftssystematik nach Ulrich mit der Einordnung der Ingenieurwissenschaften dargestellt.

[9] Vgl. Wheelwright, S.; Clark, K. (Revolution der Produktentwicklung) (1994), S. 355; vgl. Dohr, F.; Vielhaber, M. (Modellierung und Simulation im mechatronischen Produktentwicklungsprozess) (2011), S.°134; vgl. Eversheim, W.; et al. (Integrated Product Development supported by Rapid Prototyping & Tooling Technologies) (1998), S.°90.

[10] Vgl. Ulrich, P.; Hill, W. (Wissenschaftstheoretische Grundlagen der Betriebswirtschaftslehre) (1976), S. 305f.

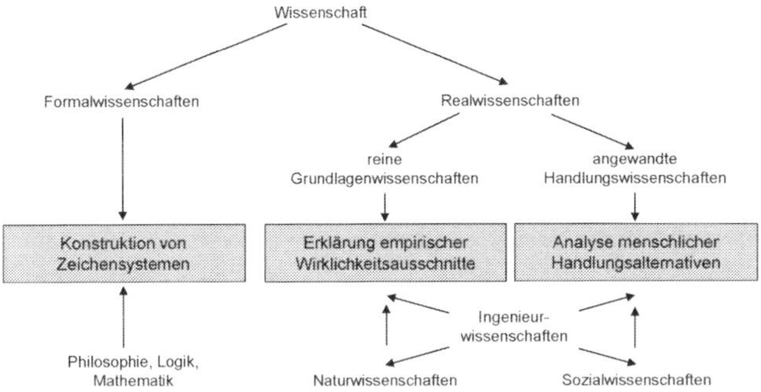

Abbildung 1-1: Wissenschaftssystematik[11]

Die Realwissenschaften lassen sich in die reinen Grundlagenwissenschaften und die angewandten Handlungswissenschaften untergliedern. Die reinen Grundlagenwissenschaften wie Physik, Chemie und Biologie beschäftigen sich mit den Widersprüchen zwischen Theorie und Beobachtung. In den angewandten Handlungswissenschaften werden hingegen die Probleme von real handelnden Menschen als Ausgangspunkt der Forschung gewählt und nach Lösungen hierfür gesucht.[12]

Diese Arbeit beschäftigt sich mit der Thematik der Abschätzung der Qualitätskosten bei additiv gefertigten Bauteilen und dem Prototypeneinsatz in der Produktentwicklung. Insbesondere durch die Kalkulation der Herstellkosten von additiv gefertigten Bauteilen und die Betrachtung unterschiedlicher Prüfszenarien besitzt die Arbeit einen starken Bezug zur unternehmerischen Praxis. Da in dieser Arbeit sowohl Aspekte der reinen Grundlagenwissenschaften als auch Aspekte der angewandten Handlungswissenschaften adressiert werden, lässt sich die Arbeit den anwendungsorientieren Ingenieurwissenschaften zuordnen.

Der explorative Forschungsprozesses nach TOMCZAK bildet die Grundlage der methodischen Vorgehensweise.[13] In Abbildung 1-2 ist dieser Forschungsprozess beschrieben.

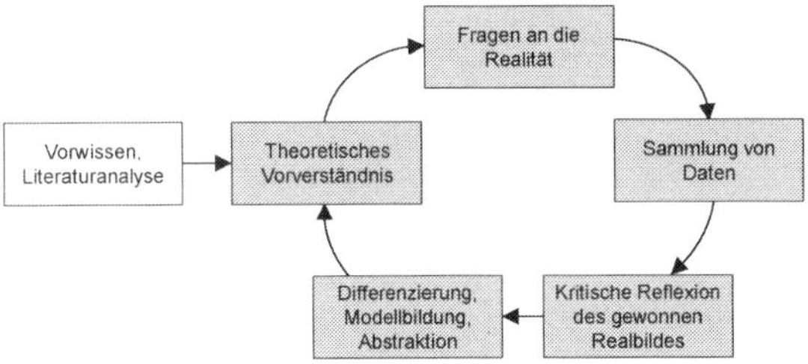

Abbildung 1-2: Explorativer Forschungsprozess[14]

[11] Vgl. ebenda (Wissenschaftstheoretische Grundlagen der Betriebswirtschaftslehre) (1976), S. 305.

[12] Vgl. Ulrich, H. (Die Betriebswirtschaftslehre als anwendungsorientierte Sozialwissenschaft) (1981), S. 5.

[13] Vgl. Tomczak, T. (Forschungsmethoden in der Marketingwissenschaft) (1992), S. 83f.

[14] Vgl. ebenda (Forschungsmethoden in der Marketingwissenschaft) (1992), S. 84.

Zur Schaffung des theoretischen Vorverständnisses wird ausgehend von der Problemstellung eine Literaturanalyse durchgeführt, in die das Vorwissen und die persönlichen Erfahrungen des Autors einfließen. Daran schließt sich eine iterative Vorgehensweise an, die durch den zyklischen Lernprozess systematisch zu einer Methodik führt, die final ein möglichst optimales Forschungsergebnis darstellt.

1.4 Forschungskontext und Aufbau der Arbeit

Diese Arbeit wird anhand des Prozesses der angewandten Forschung nach ULRICH[15] strukturiert. In Abbildung 1-3 sind die Kapitel der Arbeit den unterschiedlichen Phasen des Forschungsprozesses nach Ulrich zugeordnet.

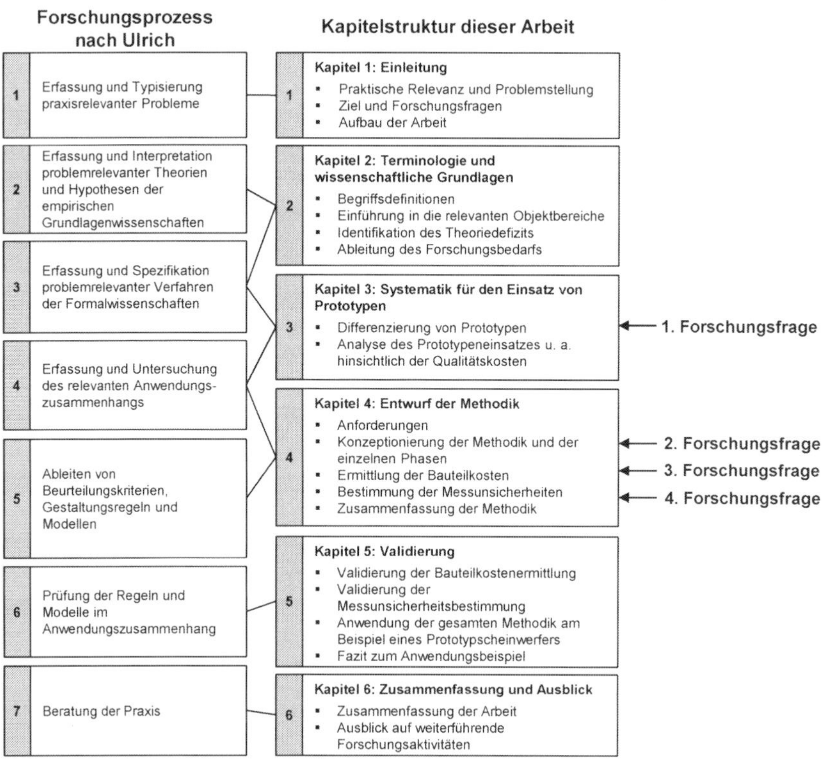

Abbildung 1-3: Zuordnung der Kapitel zu den Phasen des Forschungsprozesses nach ULRICH[16]

In Kapitel 1 der Arbeit werden die praxisrelevanten Probleme erfasst und die Zielstellung sowie die resultierenden Forschungsfragen abgeleitet. In Kapitel 2 werden die problemrelevanten Theorien und wissenschaftlichen Grundlagen in den unterschiedlichen Objektbereichen hergeleitet und der

[15] Vgl. Ulrich, H. (Die Betriebswirtschaftslehre als anwendungsorientierte Sozialwissenschaft) (1981), S. 20.

[16] Vgl. ebenda (Die Betriebswirtschaftslehre als anwendungsorientierte Sozialwissenschaft) (1981), S. 20.

Forschungsbedarf ermittelt. Darauf folgt in Kapitel 3 die Entwicklung und Ausgestaltung einer Systematik für den Einsatz von Prototypen. Mit Hilfe dieser Systematik wird dann die 1. Forschungsfrage beantwortet. Daran schließt sich in Kapitel 4 die Konzeption und Ausgestaltung der Methodik zur Bestimmung der Qualitätskosten an, welche die Grundlage zur Beantwortung der 2. Forschungsfrage darstellt. In der Methodik ist ein Kostenmodell enthalten, das ein Modul zur Bestimmung der Bauteilkosten von additiv gefertigten Komponenten und ein zweites Modul zur Berücksichtigung der Messunsicherheiten in Form des α- und des β- Fehlers enthält. Anhand der zwei Module lassen sich die 3. und die 4. Forschungsfrage beantworten. In Kapitel 5 erfolgt zunächst eine Validierung der Funktionsweise der zwei Module jeweils anhand eines Fallbeispiels, bevor die Validierung der gesamten Methodik am konkreten Beispiel eines Prototypfrontscheinwerfers aus der Automobilindustrie vorgenommen wird. Abschließend wird die Arbeit in Kapitel 6 zusammengefasst und ein Ausblick auf weiterführende Forschungsaktivitäten gegeben.

2 Terminologie und wissenschaftliche Grundlagen

Im zweiten Kapitel wird zunächst die Terminologie vorgestellt, um ein einheitliches Begriffsverständnis zu schaffen. Im Anschluss erfolgt eine Einführung in die einzelnen für die Modellierung relevanten Objektbereiche. Dies beinhaltet insbesondere eine Vorstellung des aktuellen Standes der Technik. Das Kapitel schließt mit der Herleitung des Forschungsbedarfs und der Eingrenzung des Betrachtungsbereichs.

2.1 Begriffsdefinitionen

Das Forschungsvorgehen in dieser Arbeit sowie die vorliegende Dokumentation bedürfen einer wissenschaftlichen Fundierung sowie klarer Begrifflichkeiten. Zur eindeutigen Verständigung werden im Folgenden Begriffsdefinitionen zu den untersuchten Themenkomplexen der Ingenieurs- und Wirtschaftswissenschaften sowie der Konstruktion und Entwicklung festgelegt.

2.1.1 Methodik und Systematik

Methodik aus dem Griechischen ins Deutsche übersetzt bedeutet etwa „Kunst des planmäßigen Vorgehens". Im Detail beschreibt der Begriff die „Wissenschaft von der Verfahrensweise" oder die „festgelegte Art des Vorgehens".[17] In Kapitel 4 dieser Arbeit wird der Begriff im Sinne der zweiten Definition „festgelegte Art des Vorgehens" verwendet.

In Abgrenzung zum Begriff *Methodik* stammt der Begriff *Systematik* von dem Wort *System* ab. Der Begriff *System* heißt so viel wie Prinzip, Schema, Ordnung. Die Definition für *Systematik* lautet: „planmäßige Darstellung; einheitliche Gestaltung nach bestimmten Ordnungsprinzipien".[18] Im Rahmen dieser Arbeit beschreibt der Begriff die planmäßige Darstellung des Einsatzes von Prototypen nach bestimmten Ordnungsprinzipien in Kapitel 3 als ein Ausgangspunkt für die sich anschließende Entwicklung der *Methodik* in Kapitel 4.

2.1.2 Modell und Prototyp

Bezogen auf physische Bauteile werden die Begriffe *Modell* und *Prototyp* umgangssprachlich häufig synonym verwendet.[19] *Modelle* bezeichnen jedoch jegliche Form der abstrakten Darstellung eines Vorbilds.[20] Demnach handelt es sich bei einer einfachen Zeichnung oder Skizze eines Gegenstands bereits um ein Modell. Es existieren auch *virtuelle* bzw. *digitale Modelle*. Hierbei kann die Darstellung des Vorbilds nur durch ein (computergestütztes) Abbild bzw. eine Simulation (CAD, FEM, etc.) erfolgen.[21]

[17] Vgl. o.V. (Duden) (2010), S. 667.

[18] Vgl. o.V. (Duden) (2010), S. 1016f.

[19] Vgl. Gebhardt, A. (Generative Fertigungsverfahren) (2013), S. 320.

[20] Vgl. Pratt, M. (Virtual Prototypes and Product Models in Mechanical Engineering) (1995), S. 114.

[21] Vgl. Geuer, A. (Einsatzpotential des Rapid Prototyping in der Produktentwicklung) (1996), S. 13f.

In dieser Arbeit wird der Begriff beispielsweise im Kontext der Integration in der Produktentwicklung in Kapitel 2.1.4 und der Kostenberechnungsmodelle in Kapitel 2.5.2 verwendet.

Der Begriff *Prototyp* besteht aus den griechischen Wörtern „prōtó" (dt.: „erster, vorderster, ur-") und „typ(os)" (dt.: „Gepräge, Muster, Urbild").[22] Basierend darauf wird im Ingenieurwesen von einer ersten/frühen Ausführung eines Produktes gesprochen.[23] Ziel des *Prototyps* ist die physische Abbildung von Produkteigenschaften. Dabei wird häufig eine Abstraktion des eigentlichen Produkts vorgenommen. Idealerweise bildet der *Prototyp* lediglich die Eigenschaften ab, die evaluiert oder dargestellt werden sollen, und ist ansonsten so einfach wie möglich gestaltet.[24] Die physische Abbildung des Produkts ermöglicht die dreidimensionale Veranschaulichung und haptische Wahrnehmung von (noch) nicht real existierenden Produkten bzw. die Reproduktion von Funktionen oder Prozessen, die ohne den *Prototyp* überhaupt nicht physisch vorhanden wären.[25] Insgesamt bilden *Prototypen* somit eine Untergruppe der *Modelle*. Das heißt, ein *Prototyp* stellt immer auch ein *Modell* dar, wobei es sich bei einem Modell nicht immer um einen Prototyp handelt.

In dieser Arbeit wird mit dem Begriff *Prototyp* die körperliche Darstellung von Produkteigenschaften bezeichnet, die jedoch erheblich vom tatsächlichen Produkt abweichen können. Neben der Abbildung einer Form bzw. einer äußeren Gestalt können Prototypen auch zur Veranschaulichung von Funktionen (wie Bewegungen oder Spannungen) und von Prozessen dienen, wie in Kapitel 2.2 detaillierter beschrieben. Gelegentlich ist in Analogie zu *virtuellen Modellen* auch von *virtuellen Prototypen* die Rede. Im Rahmen dieser Arbeit werden *virtuelle Prototypen* jedoch nicht näher betrachtet.

2.1.3 Prüfmerkmal

Bezugnehmend auf die Definition von KIRSCHLING gilt ein „Merkmal, anhand dessen die Qualitätsprüfung durchgeführt wird"[26] als *Prüfmerkmal*. Diese Definition wird im weiteren Verlauf dieser Arbeit verwendet. Als *Prüfmerkmale* lassen sich physikalische, chemische, funktionelle oder optische Merkmale verwenden. Für jedes Merkmal wird jeweils die Prüfnotwendigkeit bewertet, mit dem Ziel die Produktqualität bei möglichst geringen Prüfkosten zu gewährleisten.[27] In den Kapiteln 2.4 und 4.3 stehen die *Prüfmerkmale* besonders im Fokus.

[22] Vgl. Geuer, A. (Einsatzpotential des Rapid Prototyping in der Produktentwicklung) (1996), S. 2.

[23] Vgl. Albers, S. (Modellbasiertes Prototyping) (1995), S. 173.

[24] Vgl. Gebhardt, A. (Generative Fertigungsverfahren) (2013), S. 309f.

[25] Vgl. Passera, S.; Kärkkäinen, H.; Maila, R. (When, how, why prototyping? A practical framework for service development) (2012), S. 2.

[26] Vgl. Kirschling, G. (Qualitätssicherung und Toleranzen) (1988), S. 4.

[27] Vgl. Pfeifer, T.; Schmitt, R. (Fertigungsmesstechnik) (2010), S. 114.

2.1.4 Integration in der Produktentwicklung

Am Beginn der *Produktentwicklung* steht der Bedarf und der Abschluss wird durch die Serienfreigabe des Produkts markiert.[28] Die *Integration* bezeichnet den modernen und weitverbreiteten Ansatz der systematischen Einbeziehung aller wesentlichen Elemente der *Produktentwicklung*.[29]

Dieser umfassende Ansatz beinhaltet die abteilungsübergreifende, interdisziplinäre Zusammenarbeit der Beteiligten sowie die Beachtung aller wesentlichen Schritte des Produktentwicklungsprozesses.[30]

2.1.4.1 Integrierter Produktentwicklungsprozess

Die *integrierte Produktentwicklung* (IPE) ist ein moderner und weitverbreiteter Integrationsansatz der Konstruktion und Entwicklung von Produkten.[31] Im Gegensatz zu traditionellen Ansätzen, die sequentiell ablaufen und ein rein funktionsorientiertes sowie hierarchisches Denken und Arbeiten aufweisen, wird ein allumfassendes Vorgehen gefordert.[32] Dabei wird vor allem auf zwei Aspekte eingegangen: Einerseits die abteilungsübergreifende und interdisziplinäre Zusammenarbeit (*Interdisziplinarität*); andererseits die umfassende Beachtung aller Schritte von der Ideenfindung bis zur Markteinführung sowie des Produktlebenszyklus (*Globalität*).[33]

Diese simultane Berücksichtigung von zeitlichen und bereichsübergreifenden Faktoren zielt auf eine Verbesserung der Entwicklungsqualität ab, die im Detail die folgenden Ziele fokussiert:[34]

- *Verkürzung der Entwicklungszeit*: Minimierung des zeitlichen Aufwands ausgehend von der Erfassung der Kundenbedürfnisse bis zur Marktreife der Produkte
- *Optimierung der Anforderungsumsetzung*: Verbesserung der Kundenzufriedenheit durch systematische Umsetzung der Bedürfnisse
- *Reduktion der Entwicklungskosten*: Verringerung der Kosten für die Produktentwicklung und -herstellung
- *Verbesserung der Prozess- und Produktqualität*: Optimale Gestaltung der Prozesse zur Produktentwicklung sowie der Produkte an sich

Die *IPE* erlaubt es demzufolge, das Verhalten des Produkts und der nötigen Prozesse bereits vor deren Umsetzung zu simulieren und entsprechend anzupassen. Somit kann eine optimale Kosten- und Fehlerbehandlung bereits in den frühen Phasen der Entwicklung vorgenommen werden.

[28] Vgl. Eigner, M. (Product lifecycle management) (2008), S. 2.

[29] Vgl. Vajna, S.; Burchardt, C. (Modelle und Vorgehensweisen der Integrierten Produktentwicklung) (2014), S.°3.

[30] Vgl.Ehrlenspiel, K.; Meerkamm, H. (Integrierte Produktentwicklung) (2013), S. 196.

[31] Vgl. Vajna, S.; Burchardt, C. (Modelle und Vorgehensweisen der Integrierten Produktentwicklung) (2014), S.°3.

[32] Vgl. Ehrlenspiel, K.; Meerkamm, H. (Integrierte Produktentwicklung) (2013), S. 196.

[33] Vgl. Eigner, M. (Einleitung – Modellbasierte Virtuelle Produktentwicklung) (2014), S. 5-7.

[34] Vgl. Komorek, C. (Integrierte Produktentwicklung) (1998), S. 36f; vgl. Vajna, S.; Burchardt, C. (Modelle und Vorgehensweisen der Integrierten Produktentwicklung) (2014), S.°3.

2.1.4.2 Entwicklungsmodell nach Andreasen und Hein (1987)

Die Ansätze von ANDREASEN und HEIN gelten als die Grundlagen der integrierten Produktentwicklung.[35] Insbesondere die Ausrichtung aller zur Entwicklung neuer Produkte benötigten Mitarbeiter auf das gemeinsame Ziel wird als neuartig und zukunftsweisend für die Produktentwicklung angesehen.[36] Dabei durchläuft das zu entwickelnde Produkt alle miteinander verknüpften Stufen ausgehend vom Konzept bis zum Vertrieb und letztendlich der Inbetriebnahme. Ziel ist die kostengünstige, anforderungsgerechte und qualitativ hochwertige Entwicklung unter Berücksichtigung von Fertigung, Montage, Transport, Betrieb, Wartung und Recycling, also des gesamten Produktlebenszyklus.[37]

Zur Verwirklichung dieser Ziele wird die Forderung der Wissenschaft umgesetzt und der Missstand der oben aufgeführten Entwicklungsprozesse beseitigt.[38] Dieser Mangel der klassischen Herangehensweise betrifft die bisher nicht realisierte, frühzeitige Einbeziehung von *Marketing und Vertrieb* sowie der *Produktion*. ANDREASEN und HEIN beschreiben demnach die Produktentwicklung als gleichzeitige und gleichwertige Entwicklung von gewünschten Produkteigenschaften (*Entwicklung und Konstruktion*), technischen Produktionsmitteln (*Produktion)* sowie ökonomischen Gesichtspunkten (*Marketing und Vertrieb)*.[39]

In Abbildung 2-1 ist das Modell der *IPE* nach ANDREASEN und HEIN dargestellt. Zur Beachtung der nötigen Abteilungen unterteilt sich die IPE horizontal in drei Aktivitätsstränge: *Marketing und Vertrieb* (A), *Entwicklung und Konstruktion* (B) sowie *Produktion* (C).

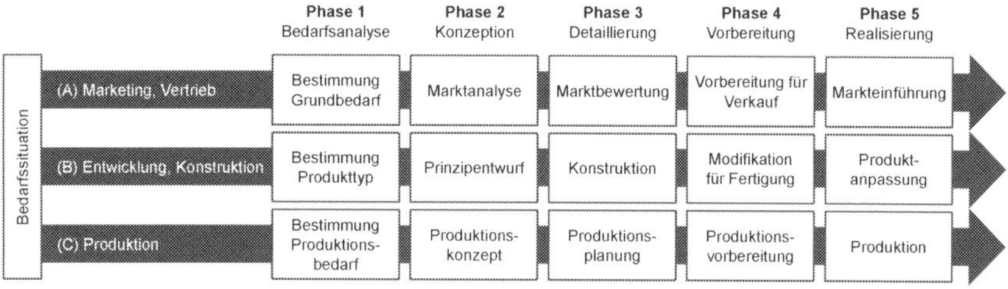

Abbildung 2-1: Integrierte Produktentwicklung nach ANDREASEN UND HEIN[40]

Anhand der vertikalen Unterteilung werden die Phasen des Entwicklungsprozesses abgebildet: *Bedarfsanalyse* (1), *Konzeption* (2), *Detaillierung* (3), *Vorbereitung* (4) und *Realisierung* (5). Die Schnittpunkte der Aktivitätsstränge und der Phasen stellen dementsprechend die Handlungskompetenzen der

[35] Vgl. Lindemann, U. (Methodische Entwicklung technischer Produkte) (2009), S. 3.

[36] Vgl. Ehrlenspiel, K.; Meerkamm, H. (Integrierte Produktentwicklung) (2013), S. 199.

[37] Vgl. Eigner, M. (Einleitung – Modellbasierte Virtuelle Produktentwicklung) (2014), S. 5.

[38] Vgl. Bullinger, H.-J. (F & E - heute) (1990), S. 39; vgl. Peters, T.; Waterman, R. (Auf der Suche nach Spitzenleistungen) (2006), S. 255ff; vgl. Bellgran, M.; Säfsten, K. (Production development) (2010), S. 130ff.

[39] Vgl. Vajna, S.; Burchardt, C. (Modelle und Vorgehensweisen der Integrierten Produktentwicklung) (2014), S.°21; vgl. Eigner, M. (Einleitung – Modellbasierte Virtuelle Produktentwicklung) (2014), S. 5.

[40] Vgl. Andreasen, M.; Hein, L. (Integrated product development) (1987), S. 27.

jeweiligen Abteilung während des betrachteten Abschnitts des Entwicklungsprozesses dar. *Marketing und Vertrieb* beginnen mit der Ermittlung der Kundenanforderungen und schließen mit dem Absatzmanagement des Produkts ab. Die *Entwicklung und Konstruktion* orientiert sich an der Standardrichtlinie VDI 2221. Dementsprechend erfolgt zunächst die Analyse der Aufgabenstellung und des Produkttyps und abschließend wird das Produkt finalisiert. Parallel hierzu beschäftigt sich die Produktion mit der Bedarfsplanung von Fertigung und Montage, der Produktionsplanung und schließlich der eigentlichen Produktion.[41]

Das Vorgehen zur Entwicklung des neuen Produkts wird als zyklischer Prozess betrachtet.[42] Die Produktgestaltung, die Produkttechnik und die Produktionsvorgänge werden durch kontinuierliche Detaillierung und Konkretisierung der Lösung optimiert und letztendlich finalisiert. Somit ist die bestmögliche Produktentwicklung im Rahmen der Beachtung von vor- und nachgelagerten Prozessschritten gegeben.

Das Innovative dieses Vorgehens ist einerseits die Verknüpfung der einzelnen Abteilungen, die in ständigem Informationsaustausch und Kooperation miteinander stehen, andererseits die Verbindung zu zeitlich vor- und nachgelagerten Schritten, die eine gleichzeitige Entwicklung mehrerer Varianten und Produkte sowie die Erzielung von Lerneffekten erlauben. Diese umfassende Beachtung aller Faktoren ermöglicht die Abbildung eines integrierten und universellen Produktentwicklungsprozesses. Darüber hinaus ergibt sich eine große Zahl an Handlungsfeldern sowie an Schnittstellen, wodurch das gesamte Spektrum des Prototypeneinsatzes abgebildet werden kann. Infolgedessen wird die IPE nach ANDREASEN UND HEIN als Grundlage für die zu entwickelnde Methodik des systematischen Prototypeneinsatzes in der Produktentwicklung gewählt.

2.1.4.3 Agile Entwicklung nach Scrum

Bei Scrum[43] handelt es sich um einen Organisationsrahmen insbesondere für die agile Entwicklung, bei dem beispielsweise die Meetingstruktur und die Rollen mit den zugehörigen Aufgaben definiert sind. Damit sind jedoch keine konkreten Methoden für die inhaltliche Gestaltung des zu entwickelnden Produktes oder der zu entwickelnden Software verbunden.

Im industriellen Umfeld wurde der Begriff Scrum erstmals im Jahre 1986 von TAKEUCHI und NONAKA beim Vergleich der Prozesse in der Produktentwicklung in einem agilen Umfeld bei japanischen Industrieunternehmen gebraucht. Dieser Vergleich mündete schließlich in der Forderung nach interdisziplinären und sich selbstorganisierenden Teams und parallelisierten Entwicklungsphasen für Entwicklungsprojekte in dynamischen Umfeldern.[44]

[41] Vgl. ebenda (Integrated product development) (1987), S. 26.

[42] Vgl. Vajna, S.; Burchardt, C. (Modelle und Vorgehensweisen der Integrierten Produktentwicklung) (2014), S. 23.

[43] Vgl. Rubin, K. (Essential Scrum) (2012).

[44] Vgl. Takeuchi, N.; Nonaka, I. (The new new product development game) (1986), S. 137.

In der Softwareentwicklung wurde Scrum in den 90er Jahren von SUTHERLAND und SCHWABER[45] geprägt, da die wachsende Komplexität von Software-Systemen eine neue Herangehensweise erforderlich machte[46].

2.1.4.3.1 Rollen in Scrum

In der Regel bilden die drei Rollen *Product Owner*, *Scrum Master* und das *Entwicklerteam* ein Scrum-Team[47]. Ein erweitertes Modell von GLOGER enthält darüber hinaus auch die drei Rollen *Manager*, *Kunde* und *Anwender*[48] (vgl. Abbildung 2-2).

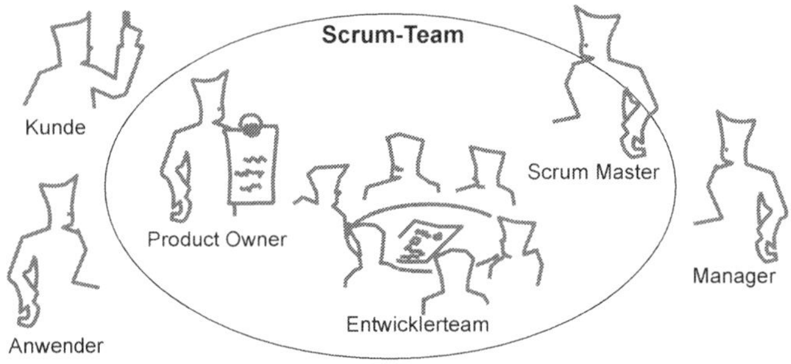

Abbildung 2-2: Rollen in der Entwicklung nach Scrum[49]

Für jede Rolle sind die Verantwortlichkeiten und die Aufgaben und das daraus resultierende Kompetenzprofil in Form eines Rollenprofils definiert.

Der Product Owner (PO) vermittelt zwischen den Kunden beziehungsweise Stakeholdern und dem Scrum-Team[50]. Er definiert und priorisiert Aufgaben und ist damit maßgeblich verantwortlich für die Entwicklung eines rentablen Produktes[51]. Der PO erhebt regelmäßig die neuen Kundenanforderungen und aktualisiert die bestehenden Forderungen. Zudem definiert diese Rolle die Akzeptanzkriterien. Damit steuert der PO die Produktentwicklung sowohl auf technischer als auch auf wirtschaftlicher Ebene[52].

Im interdisziplinär zusammengesetzten Entwicklerteam (ET) können die Entwicklungsaufgaben weitestgehend unabhängig von Externen umgesetzt werden[53]. Innerhalb eines ET sollten klassische Aufgaben wie Programmieren, Testen und Architekturerstellung möglichst von allen Entwicklern

[45] Vgl. Sutherland, J.; Schwaber, K. (The Scrum Papers) (2007), S. 11.

[46] Vgl. Schwaber, K. (SCRUM Development Process) (1997), S. 3.

[47] Vgl. Sutherland, J.; Schwaber, K. (The Scrum Papers) (2007), S. 11.

[48] Vgl. Gloger, B. (Scrum) (2013), S. 12.

[49] Vgl. Sutherland, J.; Schwaber, K. (The Scrum Papers) (2007), S. 11; vgl. Gloger, B. (Scrum) (2013), S. 12.

[50] Vgl. Rubin, K. (Essential Scrum) (2012), S. 165.

[51] Vgl. Sutherland, J.; Schwaber, K. (The Scrum Papers) (2007), S. 11.

[52] Vgl. Rubin, K. (Essential Scrum) (2012), S. 166.

[53] Vgl. Sutherland, J.; Schwaber, K. (The Scrum Papers) (2007), S. 12.

durchgeführt werden können[54]. Das ET setzt sich in der Regel aus fünf bis neun Entwicklern zusammen[55]. Es arbeitet eigenverantwortlich und nimmt die Planung der zu erledigenden Aufgaben selbstständig vor. Die Zusammenarbeit ist von flachen Hierarchien geprägt[56]. Den einzelnen Entwicklern ist grundsätzlich freigestellt, wie sie die Aufgaben innerhalb eines Entwicklungszyklus' priorisieren und bearbeiten.

Der Scrum Master (SM) unterstützt die Projektteilnehmer bei der Umsetzung der agilen Werte und Prinzipien während des Projekts und verhilft diesen durch Verbesserungsvorschläge zu einer kontinuierlichen Produktivitätssteigerung[57]. Er besitzt jedoch keine Kontrolle über die Aufgaben des Teams bzw. dessen Arbeitsweise[58]. Der SM ist verantwortlich für das regelmäßige Durchführen der Scrum-Meetings[59]. Eine weitere Aufgabe des SM ist die reibungslose Einführung von Scrum in bestehende Organisationen[60].

Neben den im Scrum-Team verankerten Rollen können Kunden, Anwender und Manager als aktive Projektteilnehmer auftreten. Der Kunde agiert in der Regel als Budgetverantwortlicher. Da er vom PO innerhalb des Scrum-Teams vertreten wird, fallen dem Kunden keine konkreten Aufgaben zu[61]. Der Anwender verwendet das Produkt und stellt damit eine wichtige Informationsquelle für das Scrum-Team dar. Er trägt jedoch keine Verantwortung innerhalb eines Projekts. Der Manager ist insbesondere für die Bereitstellung der für das Projekt notwendigen Ressourcen verantwortlich.[62]

2.1.4.3.2 Das Vorgehen nach Scrum

Nach SUTHERLAND und SCHWABER stellt Scrum ein iteratives und inkrementelles Entwicklungsvorgehen dar. Basierend auf der Vision des Product Owners werden die Produktanforderungen definiert und vor jedem Entwicklungszyklus aktualisiert und priorisiert.[63] Dieses Vorgehen führt dazu, dass stets ein maximaler Kundennutzen bei minimalem Entwicklungsaufwand geschaffen wird und auch bei Budget- oder Zeitengpässen die wichtigsten Funktionen des Systems umgesetzt werden[64].

Abbildung 2-3 bietet einen Überblick über das Vorgehen nach Scrum und die wichtigsten Ereignisse und Artefakte des Vorgehens.

---

[54] Vgl. Rubin, K. (Essential Scrum) (2012), S. 195.

[55] Vgl. Sutherland, J.; Schwaber, K. (The Scrum Papers) (2007), S. 12.

[56] Vgl. Sutherland, J.; Schwaber, K. (The Scrum Papers) (2007), S. 19.

[57] Vgl. Gloger, B. (Scrum) (2013), S. 100.

[58] Vgl. Rubin, K. (Essential Scrum) (2012), S. 15.

[59] Vgl. Sutherland, J.; Schwaber, K. (The Scrum Papers) (2007), S. 11.

[60] Vgl. Rubin, K. (Essential Scrum) (2012), S. 16.

[61] Vgl. Gloger, B. (Scrum) (2013), S. 101.

[62] Vgl. ebenda (Scrum) (2013), S. 12.

[63] Vgl. Rubin, K. (Essential Scrum) (2012), S. 2; vgl. Hanser, E. (Agile Prozesse: Von XP über Scrum bis MAP) (2010), S. 68.

[64] Vgl. Rubin, K. (Essential Scrum) (2012), S. 1.

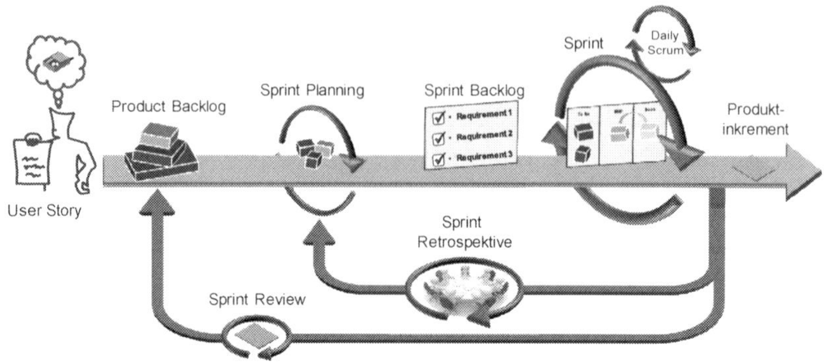

Abbildung 2-3: Das Vorgehen nach Scrum in Anlehnung an RUBIN[65]

Die Anforderungen des Kunden werden als User Stories[66] im Product Backlog hinterlegt, welches der Product Owner verwaltet[67]. Im Sprint Planning wird vor jedem Sprint das Sprint Backlog zusammengestellt. Das Sprint Backlog enthält die Funktionen, welche im nächsten Entwicklungszyklus realisiert werden sollen. Die Auswahl der zu entwickelnden Funktionen wurde durch PO und ET gemeinsam getroffen. Zudem werden weitere erforderliche Aktivitäten aufgenommen.[68]

Der Entwicklungszyklus wird als Sprint bezeichnet und umfasst normalerweise eine Dauer zwischen 7 und 30 Tagen[69]. Je nach Projektgröße sind auch Sprints von mehreren Monaten möglich[70]. Das ET widmet sich während des Sprints den Aufgaben aus dem Sprint Backlog. Der PO darf während dieser Zeit keine Änderungen am Sprint Backlog vornehmen. Er sollte jedoch bei Fragen für das ET zur Verfügung stehen.[71] Das Daily Scrum, an dem das gesamte Scrum-Team teilnimmt, findet täglich statt und dient dazu die Zusammenarbeit zu reflektieren[72].

Das Produktinkrement ist das Ergebnis des Sprints und beinhaltet bestenfalls alle im Sprint Backlog hinterlegten Funktionen[73]. Nicht umgesetzte Funktionen verschiebt der PO in der Regel zurück in das Product Backlog. Im Sprint Review wird dem Kunden und dem PO das Produktinkrement vom ET präsentiert. Der eventuell verbliebene Aufwand des Product Backlog wird empirisch über die ungefähre

[65] Vgl. ebenda (Essential Scrum) (2012); vgl. Schmitt, R. et al. (Agiles Qualitätsmanagement) (2017), S. 83.

[66] Vgl. Wirdemann, R. (Scrum mit User Stories) (2011).

[67] Vgl. Rubin, K. (Essential Scrum) (2012), S. 18.

[68] Vgl. Hanser, E. (Agile Prozesse: Von XP über Scrum bis MAP) (2010), S. 68.

[69] Vgl. Sutherland, J.; Schwaber, K. (The Scrum Papers) (2007), S. 19.

[70] Vgl. Hanser, E. (Agile Prozesse: Von XP über Scrum bis MAP) (2010), S. 69.

[71] Vgl. Rubin, K. (Essential Scrum) (2012), S. 348; vgl. Schwaber, K. (Agiles Projektmanagement mit Scrum) (2007), S. 136.

[72] Vgl. ebenda (Agiles Projektmanagement mit Scrum) (2007), S. 137.

[73] Vgl. Rubin, K. (Essential Scrum) (2012), S. 349.

Dauer und den Aufwand vergangener Sprints abgeschätzt.[74] Die Sprint Retrospektive dient zur Verbesserung der Zusammenarbeit des Teams[75].

2.1.4.3.3 Agile Prinzipien in Scrum und Prototypen

Scrum verfolgt das Ziel, durch die klare Definition von Verantwortlichkeiten, Aufgaben und Meetings eine Vielzahl der agilen Prinzipien umzusetzen. Im Folgenden sind die wichtigsten Prinzipien genannt.

Durch die klare zeitliche Begrenzung der Ereignisse und Meetings soll die frühe und kontinuierliche Auslieferung innerhalb von kurzen Zyklen erzielt werden[76]. Insbesondere zur Validierung der Produktinkremente sind unterschiedliche Arten von Prototypen prädestiniert (siehe Kapitel 3.1).[77]
Scrum sieht zudem eine enge Zusammenarbeit der Teammitglieder vor, durch die eine intensive Kommunikation gefördert wird. Durch die Interdisziplinarität kann das Team weitestgehend ohne äußere Hilfe die Aufgaben bearbeiten.[78] Auch zur Unterstützung der intensiven internen Kommunikation im Team sind Prototypen sehr gut geeignet.

Die Verwendung von User Stories und deren Portionierung und Priorisierung im Sprint Backlog unterstützt eine adaptive Entwicklung des Produkts. Die Separierung der User Stories in kleine Aufgaben führt gleichzeitig zu einer Einfachheit des Systems, da die Funktionen einzeln und nacheinander implementiert werden können. Auch zur Vereinfachung des Systems können Prototypen in ihren unterschiedlichen Ausprägungen beitragen. Für die Qualitätssicherung schreibt Scrum zwar keine konkreten Maßnahmen vor. Es lassen sich jedoch anhand von eingesetzten Prototypen auch Qualitätsanforderungen prüfen.

2.2 Objektbereich Prototypen

Im Rahmen dieses Kapitels werden Prototypen detaillierter beschrieben. Nach der Definition in Kapitel 2.1.4.3 wird nachfolgend insbesondere auf den Reifegrad (siehe Kapitel 2.2.1) und die Morphologie (siehe Kapitel 2.2.2) von Prototypen eingegangen.

2.2.1 Reifegrad der Prototypen

In der Regel verfügen Prototypen nicht über alle Eigenschaften und Funktionen des fertigen Produkts, sondern bilden die nötigen Aspekte der jeweiligen Experimentsituation ab, für die sie eingesetzt werden. Dabei können die Prototypen im Vergleich zum späteren Produkt beispielsweise aus abweichenden Materialien (Papier, Holz, Ton, etc.) sein, völlig andere Dimensionen aufweisen, eine alternative Gestalt darstellen oder funktionale Unterschiede besitzen.[79] Neben dem *Einsatzgrund der Prototypen*

---

[74] Vgl. ebenda (Essential Scrum) (2012), S. 373.

[75] Vgl. Hanser, E. (Agile Prozesse: Von XP über Scrum bis MAP) (2010), S. 68.

[76] Vgl. Rubin, K. (Essential Scrum) (2012), S. 63.

[77] Vgl. Schmitt, R.; et al. (Smart Quality - Perspektiven des Qualitätsmanagements in der Entwicklung von Smart Products) (2016), S. 16.

[78] Vgl. Wintersteiger, A. (Scrum) (2012), S. 105.H

[79] Vgl. Schäppi, B. (Handbuch Produktentwicklung) (2005), S. 605f.

entscheidet vor allem der *Detaillierungsgrad des Experiments* und die *Position im Entwicklungsprozess*, wie abstrakt, bzw. wie ähnlich dem fertigen Produkt der Prototyp ist. Dieser Abstraktionsgrad wird als *Reifegrad* oder *Auflösung* der Prototypen bezeichnet.[80]

Die *Position im Entwicklungsprozess* wirkt sich ebenfalls auf den *Reifegrad* der Prototypen aus. Generell kann von folgendem aufsteigenden Prototypeneinsatz ausgegangen werden: *Nachweis des Konzepts → Nachweis des Produkts → Nachweis des Prozesses → Nachweis der Produzierbarkeit*.[81] Diese Einordnung steht im Einklang mit den Entwicklungsprozessen der *VDI 2221* sowie dem IPE nach ANDREASEN UND HEIN (vgl. Kapitel 2.1.4.2). Zu Beginn werden abstrakte Prototypen genutzt, um das Konzept und anschließend das Produkt abzubilden. Nach fortgeschrittener Detaillierung werden Prozesse und die Produktion mittels Portotypenmodellen dargestellt und überprüft.

Basierend auf dieser Überlegung lassen sich Prototypen- bzw. Modellarten nach Definition des Verbands Deutscher Industrie Designer (VDID) sowie der NC-Gesellschaft (NCG) im Rahmen ihres Reifegrads dem *VDI 2221* zuordnen (vgl. Abbildung 2-4). Die verschiedenen Prototypen sind dabei jeweils unter dem Fortschritt (Reifegrad) der Produktentwicklung angeordnet.

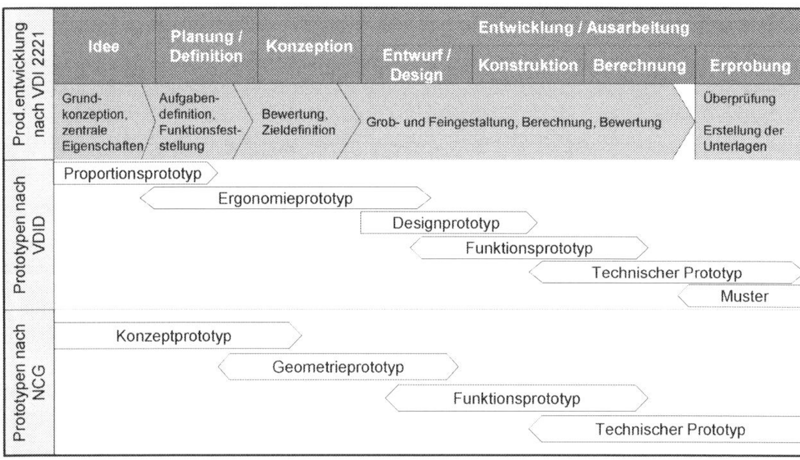

Abbildung 2-4: Zuordnung der Prototypen zum Reifegrad des Entwicklungsprozesses[82]

[80] Vgl. Doll, B. (Prototyping zur Unterstützung sozialer Interaktionsprozesse) (2009), S. 158; vgl. Leimeister, J. (Dienstleistungsengineering und -management) (2012), S. 175-179.

[81] Vgl. Ullman, D. (The mechanical design process) (2010), S. 117f; vgl. National Research Council (U.S.). Committee on Rapid Prototyping Facilities in the U.S. Manufacturing Research Community (Rapid Prototyping Facilities in the U.S. Manufacturing Research Community) (1990), S. 2-3.

[82] Vgl. Gebhardt, A. (Rapid prototyping) (2000), S. 19.

Der VDID definiert im Rahmen der Reifegradbetrachtung folgende Prototypen:[83]

- *Proportionsprototyp*: Dieser bildet die äußere Form und die wichtigsten Proportionen ab. Diese Prototypen dienen der Kommunikation und Motivation der Entwicklungsmitarbeiter.
- *Ergonomieprototyp*: Dieser Prototyp stellt die Bedien- und Benutzbarkeit des Produkts dar. Damit lassen sich frühzeitige Entscheidungen über die Durchführbarkeit der Produktentwicklung treffen.
- *Designprototyp*: Der Designprototyp entspricht der detailgetreuen äußeren Darstellung des fertigen Produkts. Er dient dementsprechend zur Einbeziehung Dritter in den Entwicklungsprozess sowie zur schnellen Entscheidung über das Design.
- *Funktionsprototyp*: Dieser macht eine frühe Prüfung einzelner Funktionen möglich und sichert so die Erfüllung der Anforderungen hinsichtlich Montierbarkeit, Servicefreundlichkeit, Kinematik, etc. ab.
- *Technischer Prototyp*: Der technische Prototyp stimmt weitestgehend mit dem fertigen Produkt überein. Er wird eingesetzt, um die Prozesse und Produktionsvorhaben anhand des physischen Modells zu analysieren.
- *Musterprototyp*: Er entspricht dem serienreifen Produkt. Der Musterprototyp wird zur Dokumentation, Validierung und Kommunikation sowie zur Umsetzung von werkzeuggestützten Produktionsverfahren genutzt.

Die NCG schlägt hingegen folgende Einordnung der Prototypen vor:[84]

- *Konzeptprototyp*: Der Konzeptprototyp ist die frühestmögliche physische Abbildung des Produkts in Bezug auf das Design. Material, Funktion und Ausmaß entsprechen im Normalfall nicht dem fertigen Produkt. Ziel ist hierbei die Darstellung und Kommunikation des ästhetischen Eindrucks.
- *Geometrieprototyp*: Dieser Prototyp wird genutzt, um die Geometrie des Produkts, beispielweise im Rahmen von Einbauuntersuchungen, darzustellen. Maß, Form und Lage entsprechen weitestgehend dem späteren Produkt.
- *Funktionsprototyp:* Dieser Prototyp entspricht im Grunde dem Funktionsprototyp nach VDID (siehe oben).
- *Technischer Prototyp*: Der Technische Prototyp unterscheidet sich nicht wesentlich vom angestrebten Produkt. Jedoch kann die Herstellung anderweitig als über den Serienweg erfolgen.

Somit ist der *Reifegrad* der Prototypen in erster Linie vom Detaillierungsgrad der Produktentwicklung bzw. des Untersuchungsgegenstands abhängig. Die große Übereinstimmung bzw. Überschneidung

[83] Vgl. Gebhardt, A. (Generative Fertigungsverfahren) (2013), S. 322 - Der VDID nutzt in seiner ursprünglichen Beschreibung die Bezeichnung „Modell“ statt „Protototyp“. Da in Anlehnung an die Begriffsdefinition aus Kap. 2.1.4.3 das „Modell“ des VDID der Definition des Prototyps entspricht, wurde dies hier angepasst.

[84] Vgl. ebenda (Generative Fertigungsverfahren) (2013), S. 323.

zeigt, dass eine Einordnung der Prototypen hauptsächlich Definitionssache ist und individuell an den Entwicklungsprozess angepasst werden kann. Die zu entwickelnde Systematik soll allgemeine Potentiale von Prototypen übergreifend in allen Phasen der Produktentwicklung darstellen. Dementsprechend wird die Reifegradbetrachtung, die Prototypen explizit einzelnen Phasen zuordnet, im Rahmen dieser Arbeit nicht weiterverfolgt.

2.2.2 Morphologie von Prototypen

Die morphologische Betrachtung verfolgt eine phasenunabhängige Einordnung von Prototypen. Diese Klassifizierung von Prototypen geht auf die Forschungen an der TU München seit 1994 zurück. Unterschieden werden diesbezüglich die vier Prototypenarten in Abbildung 2-5.

Anschauungsprototypen	**Kommunikationsprototypen**
• Designanalysen (Form, Farbe, Oberfläche) • Proportionsanalysen	• Unternehmensinterne Kommunikation • Präsentationen für den Kunden • Marktstudien • Dokumentation
Funktionsprototypen	**Prozessprototypen**
• Festigkeitsanalysen • Strömungsmechanische Analysen • Spannungsoptische Analysen • Handhabbarkeitsanalysen (Ergonomie) • Wirkprinzipsanalysen	• Montageanalysen • Modellierungsgrundlagen • Betriebsmittelanalysen • Urmodelle der Fertigung

Abbildung 2-5: Morphologie von Prototypen[85]

Folgende Morphologie bzw. Einsatzbereiche von Prototypen werden betrachtet:[86]

- *Anschauungsprototyp*: Anschauungsprototypen dienen der geometrischen Überprüfung in der Produktentwicklung. Intention ist dabei eine rein körperliche Darstellung zur Prüfung der optischen Eigenschaften, wie Design, Größe und Oberfläche.
- *Funktionsprototyp*: Funktionsprototypen orientieren sich an der Definition des VDID (siehe oben). Dabei ist die prototypische Abbildung der Funktionen zur Analyse der Anforderungserfüllung ausschlaggebender Faktor des Produktmodells.
- *Prozessprototyp*: Prozessprototypen ermöglichen die physische Darstellung von Produktions- und Entwicklungsprozessen sowie die Schaffung von Referenzmodellen für diese Prozesse.
- *Kommunikationsprototyp*: Kommunikationsprototypen dienen der Übermittlung von Informationen, die sich während der Produktentwicklung zwischen allen Beteiligten des

[85] Vgl. Reinhart, G.; Geuer, A.; Macht, M. (Integration des Rapid Prototyping in die Produktentwicklung) (1994), S.°17.

[86] Vgl. Geuer, A. (Einsatzpotential des Rapid Prototyping in der Produktentwicklung) (1996), S. 14.

Entwicklungsprozesses ergeben. Physische Modelle vereinfachen die Verständigung und bieten eine Erklärungsgrundlage für komplexe Aspekte der Entwicklung.

Insgesamt ist eine morphologische Betrachtung für die zu entwickelnde Systematik geeignet, da sich Prototypen so phasenunabhängig klassifizieren lassen. Fraglich ist, ob bei dem vorgestellten Ansatz eine trennscharfe Abgrenzung der Kommunikationsprototypen zu den anderen drei Prototypen möglich ist. Denn die Kommunikation zwischen den Beteiligten findet immer über den Austausch von Informationen über die Form (Anschauung), die Funktion oder den Prozess des Produkts bzw. der Entwicklung statt.[87] Dies wird bei der Systematik für den Einsatz von Prototypen in Kapitel 3 berücksichtigt.

2.3 Objektbereich additive Fertigungsverfahren

Angesichts einer großen Vielfalt sowohl bei den Verfahren als auch den Begrifflichkeiten ist eine Definition der wichtigsten Verfahren und Begriffe der additiven Fertigung für die nachfolgenden Kapitel dieser Arbeit erforderlich.

2.3.1 Begriffsabgrenzung additive Fertigungsverfahren

Basierend auf den Richtlinien des VDI-Fachausschusses "Additive Manufacturing" lassen sich eine Definition der Begrifflichkeiten und eine Einteilung der additive Fertigungsverfahren vornehmen. In der VDI-Richtlinie 3405 „Additive Fertigungsverfahren Grundlagen, Begriffe, Verfahrensbeschreibungen"[88] werden additive Fertigungsverfahren als „Fertigungsverfahren, bei dem das Werkstück element- oder schichtweise aufgebaut wird"[89] definiert.

Im Alltag wird umgangssprachlich oft der Begriff „3D-Druck" verwendet, wenn von additiven Fertigungsverfahren die Rede ist. Gemäß der VDI-Richtlinie 3405 wird der jedoch nur von „3D-Druck" oder „3D-printing" gesprochen, wenn ein ganz bestimmtes additives Fertigungsverfahren gemeint ist, bei dem Pulver durch die lokale Hinzugabe von Bindemittel verfestigt wird[90]. Im Rahmen dieser Arbeit wird jedoch zwischen den Begriffen „3D-Druck" und additive Fertigung nicht unterschieden. Sie werden als Synonyme verwendet.

2.3.2 Allgemeiner Ablauf des additiven Fertigungsprozesses

Wie von GIBSON ET. AL. und KLOCKE beschrieben, gibt es einen bestimmten Ablauf in Form einer Prozesskette bei nahezu allen additiven Fertigungsverfahren, der nachfolgend beschrieben wird[91].

[87] Vgl. ebenda (Einsatzpotential des Rapid Prototyping in der Produktentwicklung) (1996), S. 14f.

[88] Vgl. VDI Richtlinie 3405 (Additive Fertigungsverfahren) (2014).

[89] Vgl. ebenda (Additive Fertigungsverfahren) (2014), S. 3.

[90] Vgl. ebenda (Additive Fertigungsverfahren) (2014), S. 15.

[91] Vgl. Gibson, I.; Rosen, D.; Stucker, B. (Additive manufacturing technologies) (2015), S, 143-147; vgl. VDI Richtlinie 3405 (Additive Fertigungsverfahren) (2014), S.°6f; vgl. Klocke, F. (Fertigungsverfahren 5) (2015), S.°157-159.

2.3.2.1 Erstellung der STL-Datei

Am Beginn steht das konstruierte Bauteil als virtuelles Modell im CAD-Programm. Dieses Modell muss für die weitere Verarbeitung in das STL-Format umgewandelt werden, wobei STL eine Abkürzung von „Surface Tessellation Language“ darstellt. Nachdem das STL-Format zuerst beim additiven Verfahren Stereolithografie eingesetzt wurde, hat es sich zum gebräuchlichsten Dateiformat bei additiven Fertigungsverfahren entwickelt[92].

In Abbildung 2-6 ist der Beginn des Quellcodes einer STL-Datei als Auszug abgebildet. Die zentralen Elemente des Quellcode stellen einzelne Dreiecke dar. Denn eine STL-Datei enthält nur eine Triangulation der Bauteiloberflächen, d.h. einen Datensatz, der die Bauteiloberfläche durch ein Netz aus Dreiecksflächen approximiert[93]. Jedes einzelne Dreieck im Quellcode ist durch die Koordinaten seiner drei Eckpunkte und durch den Normalenvektor definiert. Der Normalenvektor zeigt immer in die Richtung, in der sich kein Bauteilvolumen befindet, also aus dem Bauteil heraus.

In der zweiten Zeile des Quellcodes in Abbildung 2-6 ist der Normalenvektor beschrieben. Er verläuft in diesem Beispiel parallel zur x-Achse. Die Koordinaten der Eckpunkte des Dreiecks sind nachfolgend aufgeführt – hier grau hinterlegt. Wenn das Dreieck von außerhalb des Bauteils betrachtet wird, ist die Reihenfolge der Anordnung der Eckpunkte dem Uhrzeigersinn entgegengesetzt[94]. Wie in Abbildung 2-6 angedeutet, besteht der gesamte Quellcode aus einer Abfolge an den beschriebenen Dreiecken. Weitere Informationen wie beispielweise zum Vorgehen bei der Konstruktion sind in der STL-Datei nicht enthalten.

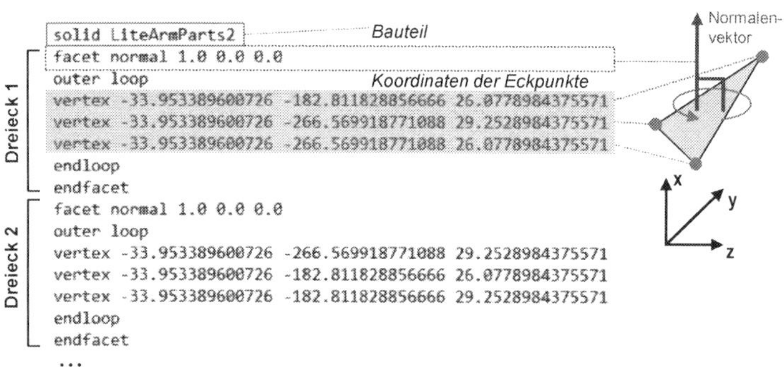

Abbildung 2-6: Ausschnitt aus dem STL-Quellcode

Es werden somit auch gewölbte und runde Oberflächen in der Oberflächenstruktur des Bauteils durch plane Dreiecksflächen mit linearen Kanten abgebildet. Da ausschließlich Dreieckflächen als Elemente zur Beschreibung der Bauteiloberfläche verwendet werden, vereinfacht sich beispielsweise die Berechnung des Bauteilvolumens zur Bestimmung der Bauteilkosten (siehe Kapitel 4.5.1.2.1) erheblich.

---

[92] Vgl. Fastermann, P. (3D-Drucken) (2014), S. 14.

[93] Vgl. Klocke, F. (Fertigungsverfahren 5) (2015), S. 157f.

[94] Vgl. Sõmiya, S. (Handbook of advanced ceramics) (2013), S. 497.

2.3.2.2 Vorbereitung des Druckprozesses

Bei der Vorbereitung des Druckprozesses sind die folgenden drei Schritte zu berücksichtigen.

- Überprüfung und Korrektur der STL-Datei

Nachdem die STL-Datei basierend auf dem CAD-Modell erzeugt worden ist, wird die STL-Datei auf Druckbarkeit und Fehlerfreiheit überprüft.[95] Bei CAD-Programmen besteht oft die Möglichkeit, häufige Fehler automatisiert zu korrigieren. Gegebenenfalls ist auch eine Anpassung der Bauteilkonstruktion erforderlich.[96]

- Planung der Stützstrukturen am Bauteil

Gegebenenfalls erfolgt vor dem Druckprozess eine Planung von Stützstrukturen. Stützstrukturen werden verwendet, um thermischem Bauteilverzug entgegenzuwirken und um überhängende Bauteilbereiche gegen die Schwerkraft abzustützen. Bei Pulverbettverfahren dient in der Regel das unverfestigte Pulver zum Abstützen des Bauteils. Wenn das Ausgangsmaterial jedoch flüssig ist oder im Fertigungsprozess aufgeschmolzen wird, ist eine Abstützung bei Überhängen entscheidend. Bei bestimmten Bauteilen sind spezifische Stützstrukturen vorzusehen und zu konstruieren, um den thermischen Verzug zu reduzieren. Der daraus resultierende Konstruktionsaufwand kann erheblich sein.[97] Er wird insbesondere durch das angewendete Druckverfahren und die Bauteilgeometrie beeinflusst. Die Planung erfolgt mit Hilfe von Softwareprogrammen.

- Erzeugung der Schichtdaten

Basierend auf dem STL-Modell des Bauteils mit den Stützstrukturen erfolgt eine Zerlegung des Modells in einzelne Schichten. Für diese Schichten werden die benötigten Geometrieinformationen für den additiven Fertigungsprozess generiert. Dabei kommt eine sogenannte Slicer-Software zum Einsatz. Durch den Schichtweisen Aufbau ergibt sich an Rundungen und Freiformflächen in Abhangigkeit von der Schichtdicke an der Bauteiloberfläche ein Stufeneffekt. Dieser Stufeneffekt hat einen negativen Einfluss auf die Oberflächenqualität. Außerdem wird das Bauteil als virtuelles Modell im der virtuellen Baukammer des Druckers positioniert und es werden in der Steuerungssoftware des Druckers die Druckparameter konfiguriert. Das heißt, es werden beispielsweise die Verfahrgeschwindigkeit und die Bauraumtemperatur festgelegt.[98]

2.3.2.3 Durchführung des Druckprozesses und Nachbearbeitung

Nach der Vorbereitung erfolgen schließlich der Druckprozess und gegebenenfalls eine Nachbearbeitung bei entsprechenden Anforderungen an das Bauteil.

[95] Vgl. Gebhardt, A. (Generative Fertigungsverfahren) (2013), S. 39.

[96] Vgl. Zäh, M.; Hagemann, F. (Wirtschaftliche Fertigung mit Rapid-Technologien) (2006), S. 27.

[97] Vgl. Berger, U.; Hartmann, A.; Schmid, D. (Additive Fertigungsverfahren) (2013), S. 18.

[98] Vgl. Zäh, M.; Hagemann, F. (Wirtschaftliche Fertigung mit Rapid-Technologien) (2006), S. 16f.

- Druckprozess

Der Druckprozesses umfasst die eigentliche schichtweise Bauteilerstellung. Je nach Verfahren beginnt der Druckprozess mit einer Einrichtungsphase, in der beispielsweise die Bauraumtemperatur eingestellt wird. Danach erfolgt der schichtweise Materialauftrag. Nach einer Phase des Herunterfahrens wird das fertige Bauteil dann der Baukammer entnommen.[99]

- Nachbearbeitung

In Abhängigkeit von den Anforderungen an das additiv gefertigte Bauteil erfolgt gegebenenfalls eine sich anschließende weitere Bauteilbearbeitung in konventionellen Fertigungsprozessen. Nach VDI 3404 vereint die Nachbearbeitung sämtliche Tätigkeiten mit dem Ziel, ausgewählte Bauteileigenschaften wie Oberflächengüte, Haptik und mechanische Eigenschaften zu verbessern [100]. Häufig werden dabei Verfahren zur Oberflächenbehandlung oder -beschichtung angewendet [101]. Bei metallischen Bauteilen werden oft die Funktionsflächen durch den Einsatz einer konventionellen Technologiekette nachgearbeitet[102]. Es ergeben sich somit Analogien zur Nachbearbeitung von Gussteilen.

2.3.3 Vorstellung einzelner Verfahren

Es werden die in dieser Arbeit thematisierten additiven Fertigungsverfahren *Fused Deposition Modelling*, *Stereolithografie*, *Selektives Lasersintern* und *Selektives Laserschmelzen* kurz vorgestellt.

2.3.3.1 Fused Deposition Modelling

Das US-amerikanische Unternehmen Stratasys hat die Entwicklung des Fused Deposition Modelling (FDM) -Verfahren durchgeführt und sich den Begriff „Fused Deposition Modelling (FDM)" patentrechtlich schützen lassen. Das Verfahren basiert auf dem Prinzip einer Heißklebepistole. Ein drahtförmiger thermoplastischer Kunststoff wird einer Extrusionsdüse zugeführt und aufgeschmolzen. Da die Extrusionsdüse gegenüber der Bauplattform in x-y-Richtung beweglich ist, lässt sich der erhitzte Kunststoff schichtweise auf die Bauplattform bzw. das erstarrte Material der vorherigen Schicht aufbringen. Als Werkstoffe werden insbesondere ABS (Acrylnitril-Butadien-Styrol) und PLA (Polylactide) verwendet. [103]

Da das Bauteil frei im Raum stehend gefertigt wird, sind bei diesem Verfahren häufig Stützstrukturen am Bauteil beispielsweise zur Abstützung von Überhängen gegen die Schwerkraft erforderlich[104]. Das Fused Deposition Modelling (FDM)-Verfahren kann technisch relativ einfach umgesetzt werden und ein unkomplizierter Betrieb der Anlagen ist auch in Büroumgebungen möglich.[105].

[99] Vgl. Klocke, F. (Generative Fertigungsverfahren) (2015), S. 157.

[100] Vgl. VDI Richtlinie 3404 (Generative Fertigungsverfahren Rapid-Technologien (Rapid Prototyping)) (2009).

[101] Vgl. Breuninger, J.; et al. (Generative Fertigung mit Kunststoffen) (2013), S. 70; vgl. Klocke, F. (Fertigungsverfahren 5) (2015), S. 159-163.

[102] Vgl. Gibson, I.; Rosen, D.; Stucker, B. (Additive manufacturing technologies) (2015), S. 402.

[103] Vgl. Fastermann, P. (3D-Drucken) (2014), S. 31f.

[104] Vgl. Berger, U.; Hartmann, A.; Schmid, D. (Additive Fertigungsverfahren) (2013), S. 131.

[105] Vgl. Gebhardt, A. (Generative Fertigungsverfahren) (2013), S. 73.

2.3.3.2 Stereolithografie

Unter Stereolithographie (SL) wird *„die industrielle Umsetzung des Prinzips der Verfestigung flüssiger oder pastöser Monomere durch Polymerisation“*[106] verstanden. Es gilt als das älteste additive Fertigungsverfahren. Der Materialaufbau erfolgt bei diesem Verfahren durch die selektive Polymerisation von flüssigem Photopolymer, auch Kunstharz genannt. Dazu scannt ein UV-Laser Schicht für Schicht die Oberfläche eines Kunstharzbades ab. Durch die Belichtung mit dem UV-Laser wird an der Oberfläche des Bades eine neue Schicht erzeugt. Daraufhin wird das Bauteil leicht abgesenkt und die Schichtfläche wird mit Hilfe eines Wischers erneut mit Photopolymer benetzt.[107] Mit dem SL-Verfahren lassen sich transparente Bauteile herstellen. Aufgrund der normalerweise höheren Oberflächenqualität der Bauteile im Vergleich zu anderen polymeren Verfahren wird das das SL-Verfahren vor allem im Prototypenbau angewendet.[108]

2.3.3.3 Selektives Lasersintern

Beim selektiven Lasersintern (SLS) erfolgt der schichtweise Bauteilaufbau durch partielles Erwärmen von pulverförmigen Werkstoffen durch einen Laser. Das Pulver aus dem Pulverbett wird an der Oberfläche von einem Laser abgescannt. Dabei werden die Körner in der obersten Schicht des Pulverbettes erwärmt und in ihrer oberflächlichen Randzone lokal miteinander verschmolzen. Nachdem eine Schicht abgescannt ist, wird aus einem seitlichen Vorratsbehälter mit einem Wischer neues Pulver aufgebracht. Schicht für Schicht werden die Schritte Pulverauftrag und Verschmelzen mit dem Laser wiederholt. Stützstrukturen sind aufgrund der Stützwirkung des Pulvers nicht notwendig.[109] Ein wichtiger Vorteil des SLS besteht in der Anwendbarkeit für eine Vielzahl von Materialen. So lassen sich gemäß KLOCKE neben Metallen und Thermoplasten auch zahlreiche Wachse, Gießsand oder Keramiken verarbeiten.[110]

2.3.3.4 Selektives Laserschmelzen

Das selektive Laserschmelzen (SLM) ähnelt dem selektiven Lasersintern (SLS) sehr stark[111]. Der Unterschied besteht lediglich in einem höheren Energieeintrag, sodass beim SLM-Verfahren ein vollständiges Aufschmelzen der Körner erfolgt. Daraus resultiert eine bessere Verfestigung der Bauteile bei geringerer Porosität. Ein nachfolgender Sinterprozess, wie er beim SLS-Verfahren gegebenenfalls notwendig ist, kann somit beim SLM-Verfahren oft entfallen. Das SLM-Verfahren wird ausschließlich zur Verarbeitung von Metallen wie beispielsweise Aluminiumlegierungen und Vergütungsstählen eingesetzt.[112] Zur Vereinfachung wird im weiteren Verlauf dieser Arbeit lediglich die Bezeichnung „SLS“ für beide Verfahren verwendet.

[106] Vgl. Gebhardt, A. (Generative Fertigungsverfahren) (2013), S. 105.

[107] Vgl. Gebhardt, A. (Generative Fertigungsverfahren) (2013), S. 58; Vgl. Berger, U.; Hartmann, A.; Schmid, D. (Additive Fertigungsverfahren) (2013), S. 140.

[108] Vgl. Awiszus, B.; et al. (Grundlagen der Fertigungstechnik) (2016), S. 329.

[109] Vgl. Fastermann, P. (3D-Drucken) (2014), S. 28.

[110] Vgl. Klocke, F. (Fertigungsverfahren 5) (2015), S. 142.

[111] Vgl. Gebhardt, A. (Generative Fertigungsverfahren) (2013), S. 46.

[112] Vgl. ebenda (Fertigungsverfahren 5) (2015), S. 148.

2.3.4 Einführung in die Qualitätssicherung in der additiven Fertigung

Bei der additiven Fertigung besitzt das Erfahrungswissen der Anwender eine sehr große Bedeutung.[113] Außerdem wurden bereits erste allgemein gültige Richtlinien geschaffen.

Die normativen Grundlagen des Qualitätsmanagements in der additiven Fertigung sind in den VDI-Richtlinien 3405, 3405-1 und 3405-2 definiert. Zudem werden hier die Grundlagen der gängigsten additiven Fertigungsverfahren vorgestellt. Vorgaben zu den Themenbereichen Prozesskategorien, Ausgangsstoffe, Haupteigenschaften und zugehörige Prüfverfahren enthalten die Normen DIN EN ISO 17296-2 und 17296-3. Für einzelne Verfahren wie das Laserstrahlschmelzen und das Lasersintern wurden bereits spezifische Qualitätssicherungsansätze entwickelt.[114]

Der Prüfprozess in der additiven Fertigung gliedert sich gemäß DIN EN ISO 17296-3 und VDI 3405 in eine Vorphase und drei Prüfprozessphasen (siehe Abbildung 2-7).[115]

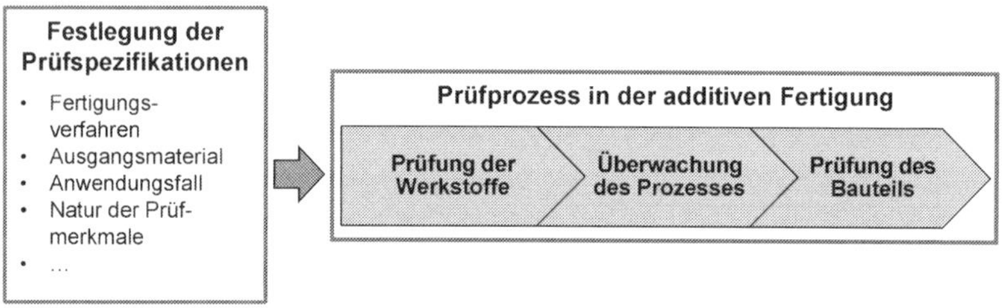

Abbildung 2-7: Phasen des Prüfprozesses nach DIN EN ISO 17296-3 und VDI 3405

In der Vorphase erfolgt die Festlegung der Prüfspezifikationen unter Berücksichtigung der Fertigungsverfahren, des Ausgangsmaterials, des Anwendungsfalls und der spezifischen Prüfmerkmale. Daran schließt sich der eigentliche Prüfprozess an. Zunächst wird der verwendete Werkstoff geprüft. Grundlage der Prüfung sind in der Regel die spezifischen Werkstoffdaten, die der Lieferant vorzulegen hat. Beispielweise können sich Abweichungen bei den Eigenschaften durch einen Wechsel der Werkstoffcharge oder bei unsachgemäßer Lagerung des Werkstoffs ergeben.

In der zweiten Phase des Prüfprozesses erfolgt die Überwachung des additiven Fertigungsprozesses. Da es sich gewöhnlich um rechnerunterstütze Prozesse mit einer entsprechenden Sensorik handelt, lassen sich gewissen prozessrelevante Daten wie beispielweise verschiedene Temperaturen und Verfahrgeschwindigkeiten normalerweise problemlos erheben und auswerten. Grundsätzlich hängt der Umfang und die Intensität der Prozessüberwachung vom Anwendungsfall und der geforderten Bauteilqualität sowie von den verfügbaren Ressourcen ab.

---

[113] Vgl. Gausemeier, J.; Kage, M. (Stand und Perspektiven der Additiven Fertigung) (2017), S. 462.

[114] Vgl. Krauss, H. (Qualitätssicherung beim Laserstrahlschmelzen durch schichtweise thermografische In-Process-Überwachung) (2016), S. 28.

[115] Vgl. DIN EN ISO 17296-3:2016 (Additive Fertigung - Grundlagen - Teil 3: Haupteigenschaften und entsprechende Prüfverfahren) (2016), S.°13ff; vgl. VDI Richtlinie 3405 (Additive Fertigungsverfahren) (2014), S.°33ff.

In der abschließenden dritten Phase werden Prüfungen am gefertigten Bauteil durchgeführt. Gemäß DIN EN ISO 17296-3 erfolgen hier Prüfungen der mechanischen und geometrischen Merkmale sowie der Oberflächenqualität auf Konformität mit den Anforderungen.[116]

2.3.5 Analyse von Studien zu geometrischen Abweichungen bei additiven Verfahren

Im Rahmen von Studien können die geometrischen Abweichungen, die bei der Herstellung von Bauteilen mit verschiedenen additiven Fertigungsverfahren (AM-Verfahren) auftreten, ermittelt werden. Dazu werden Probekörper mit definierten Abmessungen und Formen hergestellt und mit einem Messgerät vermessen. Die ermittelten Messdaten dieser geometrischen Abweichung lassen sich anschließend als Referenz verwenden, um die Leistungsfähigkeit des additiven Fertigungsverfahrens zu beurteilen. In Tabelle 2-1 sind verschiedene experimentelle Studien aus der Literatur und die jeweiligen Beobachtungen und Ergebnisse hinsichtlich der Geometrieabweichungen aufgelistet.

Tabelle 2-1: Zusammenfassung ausgewählter experimenteller Studien zur Bestimmung der Genauigkeit von AM-Verfahren

Autor der Studie	AM-Technologie/ Messmittel	Beobachtungen und Ergebnisse
D. Dimitrov et.al[117]	Ink-jet printing/ KMG	• Alle zu prüfenden geometrischen Merkmale in einer einzigen Probe vorhanden • Nachweis: Genauigkeit variiert je nach Material • Toleranzklassen des Prozesses: zwischen IT9 und IT16 • Genauigkeitsmessung in X-, Y- und Z-Richtung, Erkenntnis: Abweichungen je nach Richtung verschieden • Messunsicherheit des Messgeräts nicht berücksichtigt
M. Mahesh et. al[118]	SL, SLS, LOM, FDM/ KMG	• Alle zu prüfenden geometrischen Merkmale an einem einzigen Probekörper • Höchste Genauigkeit für alle Merkmale bei SL, geringste bei SLS. • Abfolge der verfahrensabhängigen Geradheitsgenauigkeit: SLA>LOM>FDM>SLS • Messgeräteunsicherheit in Studie nicht berücksichtigt
J.F. Hanssen[119]	FDM/ KMG	• 2916 Messungen an 108 Proben vorgenommen (höchste Zahl im Vergleich zu allen anderen Studien) • Ergebnis: Standardabweichung von 0,07 mm zentriert auf Mittelwert von 0,009 mm. • Messunsicherheit des Messgeräts nicht berücksichtigt.

[116] DIN EN ISO 17296-3:2016 (Additive Fertigung - Grundlagen - Teil 3: Haupteigenschaften und entsprechende Prüfverfahren) (2016).

[117] Vgl. Dimitrov, D.; et al. (An Investigation of the Capability Profile of the Three Dimensional Printing Process with an Emphasis on the Achievable Accuracy) (2003).

[118] Vgl. Mahesh, M.; et al. (Rapid Prototyping Journal) (2006).

[119] Vgl. Hanssen, J. (360mc/400mc Accuracy study) (2009).

T. Lienke et. al[120]	FDM/ KMG	• Abmessungen des Probekörpers (Würfels) gemäß ISO 286-1. • Genauigkeitsmessung in X-, Y- und Z-Richtung, Erkenntnis: Abweichungen je nach Richtung verschieden. • Durchschnittliche Abweichung bei FDM beträgt ~0,45 mm in allen Richtungen und liegt zwischen den Toleranzklasse IT09 und IT14 • Unsicherheit des Messgeräts nicht berücksichtigt.
M. Braian et. al[121]	SLS, Multi-jet, Poly-jet/ Digitales Mikrometer	• Geringste Genauigkeit bei SLS im Vergleich zu Multi-jet, Poly-jet Verfahren • Genauigkeit bei zwei verschiedenen Maschinen der gleichen Technologie unterschiedlich • Genauigkeit in X-, Y- und Z-Richtung verschieden • Messunsicherheit des Messgeräts nicht berücksichtigt.
P. Shah et. al[122]	SLS, SL, FDM/ KMG, CT	• Einzige Studie, bei der Messunsicherheit des Messgeräts berücksichtigt – jedoch ohne Erläuterung • KMG genauer und weniger unsicher als CT (Computertomographie)-Scanning • Höchste Unsicherheit bei KMG-Messung von SLS-Teilen aufgrund des Lösens von Pulverpartikeln durch Messtaster • SL mit höchster Genauigkeit, gefolgt von SLS und FDM

Aus der Analyse geht hervor, dass alle AM-Verfahren geometrische Abweichungen für jedes geometrische Merkmal aufweisen. Das Ausmaß dieser Abweichung hängt von einer Reihe von Parametern ab wie der verwendeten AM-Technologie, dem verwendeten Material, der Maschine, den verwendeten Prozessparametern, der Baurichtung usw. Die Ergebnisse aller oben genannten Studien zeigen, dass SL-Teile die höchste Maßgenauigkeit aufweisen, gefolgt von den im Polyjet- und Multi-Jet-Verfahren hergestellten Teilen, den Bauteilen aus dem SLS-Verfahren und schließlich den FDM-Teilen mit der geringsten Maßgenauigkeit.

In fast allen Studien wurde nur das KMG für die Messung der Teile verwendet. Bei allen Versuchen wurden spezifische Prozessparameter wie Schichtdicke, Dichte usw. berücksichtigt. Gründe für die Wahl dieser spezifischen Parameter nennen die Autoren jedoch nicht. In sämtlichen Studien wird die von den AM-Prozessen erzeugte Standardabweichung ermittelt, um den Bereich der Toleranzklasse (IT) des jeweiligen Herstellungsprozesses zu ermitteln. P. Shah et. al[123] berücksichtigen zusätzlich die Messunsicherheit des Messgerätes, wobei die Berechnung nicht detaillierter erläutert wird.

In Abbildung 2-8 sind die Ergebnisse der Auswertung der Veröffentlichung zu geometrischen Abweichungen bei additiven Fertigungsprozessen aus Tabelle 2-1 zusammenfassend dargestellt.

[120] Vgl. Lieneke, T.; et al. (Dimensional tolerances for additive manufacturing: Experimental investigation for Fused Deposition Modeling) (2016).

[121] Vgl. Braian, M.; Jimbo, R.; Wennerberg, A. (Production tollerance of additive manufactured polymeric objects for clinical application) (2016).

[122] Vgl. Shah, P.; Racasan, R.; Bills, P. (Case Studies in Nondestructive Testing and Evaluation) (2016).

[123] Vgl. ebenda (Case Studies in Nondestructive Testing and Evaluation) (2016).

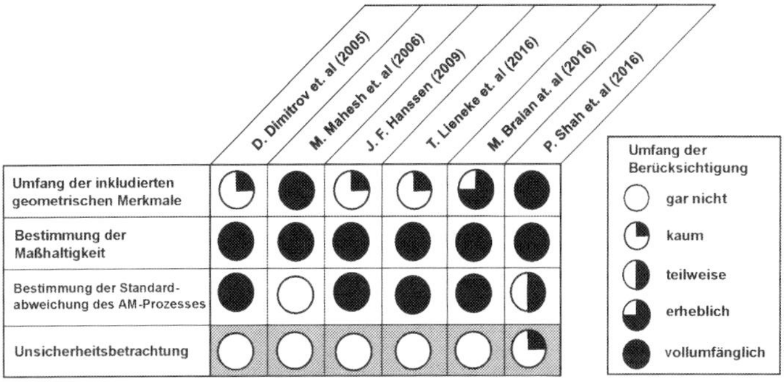

Abbildung 2-8: Berücksichtigung verschiedener Aspekte zu geometrischen Abweichungen bei additiven Fertigungsprozessen in ausgewählten Veröffentlichungen

Es werden unterschiedliche Aspekte darauf geprüft, ob diese in der jeweiligen Veröffentlichung beachtet wurden. Dabei steht der Anteil der Füllung des Kreises für den Grad der Berücksichtigung des Aspektes in der jeweiligen Veröffentlichung.

Zusammenfassend lässt sich festhalten, dass nur in der Veröffentlichung von P.Shah et al. (2016) Unsicherheiten geringfügig berücksichtigt wurden. Ansonsten wurden geometrische Unsicherheiten in die Berechnung der Wirtschaftlichkeit von additiven Fertigungsprozessen in den betrachteten Veröffentlichungen nicht einbezogen.

2.4 Objektbereich Bauteilprüfungen

Im vergangenen Jahrhundert untergliederte sich das Qualitätsmanagement zeitweilig in die Qualitätsprüfung und die Qualitätslenkung und -planung. Das heißt, die Qualitätsprüfung war ein eigenständiger Teilbereich des Qualitätsmanagements. Heute gilt der Teilbereich der Qualitätsprüfung hingegen innerhalb des Qualitätsmanagements als das Werkzeug, das bei allen operativen Aufgaben des Qualitätsmanagements Anwendung findet. Dies stellt eine Weiterentwicklung des Wissensgebiets des Qualitätsmanagements dar.[124]

Der Begriff „Prüfung" wird in den verschiedenen Normen etwas unterschiedlich definiert. In der Norm DIN 1319-1 wird die Prüfung als *„Feststellen, inwieweit ein Prüfobjekt eine Forderung erfüllt,"*[125] beschrieben. Etwas allgemeiner wird die Prüfung in der Norm DIN EN ISO 9000:2015-11 als *„Bestimmung der Konformität mit festgelegten Anforderungen"*[126] definiert.

Unter Qualitätsplanung wird das *„Auswählen, Klassifizieren und Gewichten der Qualitätsmerkmale sowie schrittweises Konkretisieren aller Einzelforderungen an die Beschaffenheit zu Realisierungsspezifikationen, und zwar im Hinblick auf:*

[124] Vgl. Seghezzi, H.; Fahrni, F.; Friedli, T. (Integriertes Qualitätsmanagement) (2013), S. 328.

[125] Vgl. DIN 1319-1:1995 (Grundlagen der Meßtechnik - Teil 1: Grundbegriffe) (1995), S. 6.

[126] Vgl. DIN EN ISO 9000:2015 (Qualitätsmanagementsysteme – Grundlagen und Begriffe) (2015), S. 56.

- *die durch den Zweck der Einheit gegebenen Erfordernisse*
- *die Anspruchsklasse*

und unter Berücksichtigung der Realisierungsmöglichkeiten (DIN 55350 1987)"[127] verstanden. Nach der Qualitätsplanung folgt die Qualitätsprüfung, welche sich in vier Phasen untergliedern lässt, wie in Abbildung 2-9 dargestellt.[128]

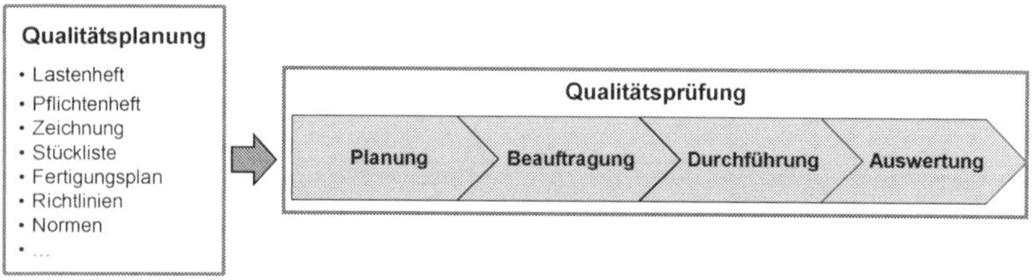

Abbildung 2-9: Phasen der Qualitätsprüfung (nach LINß in MASING [129])

In der ersten Phase findet die *Planung* der Qualitätsprüfung statt. Den Kern dieser Phase bildet die Erstellung des Prüfplans. Die Erstellung beinhaltet die folgenden Teilaufgaben:[130]

- Auswahl der Prüfmerkmale
- Beurteilung der Prüfnotwendigkeit
- Festlegung des Prüfortes
- Festlegung des Prüfpersonals
- Auswahl der Prüfmittel
- Festlegung des Prüfzeitpunktes
- Festlegung der Prüfart
- Festlegung des Prüfumfangs
- Eintragung in den Prüfplan

Bei der *Planung* sind insbesondere auch Wirtschaftlichkeitsaspekte zu berücksichtigen. Daran schließt sich die *Beauftragung der Prüfung* an. Diese Phase beinhaltet die Entscheidung, ob und wann der gesamte Prüfprozess mit den Teilprüfungen anlaufen kann. Insbesondere bei einer rechnerunterstützten Produktion hat dies eine besondere Bedeutung. In der Phase *Durchführung der Prüfung* steht dann die Ausführung der Prüfung im Sinne der Prüfplanung im Mittelpunkt. Teilweise wird diese Phase auch als *Prüfdatenerfassung* bezeichnet, da die Ist-Werte der Prüfmerkmale erfasst werden.[131] Ursprünglich handelte es sich bei der Prüfdurchführung um eine explizite Aufgabe, da Prüfobjekte aus dem Entwicklungs- und Produktionsablauf entnommen und an gesonderten Prüfstationen geprüft wurden. In der

[127] Vgl. Pfeifer, T.; Schmitt, R. (Masing Handbuch Qualitätsmanagement) (2014), S.°525.

[128] Vgl. ebenda (Masing Handbuch Qualitätsmanagement) (2021), S. 653.

[129] Vgl. ebenda (Masing Handbuch Qualitätsmanagement) (2021), S. 653.

[130] Vgl. ebenda (Masing Handbuch Qualitätsmanagement) (2014), S.°202.

[131] Vgl. Keferstein, C.; Marxer, M.; Bach, C. (Fertigungsmesstechnik) (2018), S. 1.

heutigen Zeit sind Prüfungen jedoch vielfach in den Entwicklungs- und Produktionsablauf integriert – insbesondere Zwischenprüfungen an Teilen und Baugruppen.[132]

In der Phase der *Auswertung der Prüfung* werden die erfassten Daten aufbereitet und dokumentiert. Basierend darauf wird schließlich die Konformität der Ist-Werte der Prüfmerkmale mit den definierten Anforderungen bewertet.[133]

2.4.1 Vorstellung einzelner Qualitätssicherungsprozesse

Die Qualitätssicherung befindet sich laut VDI auf dem Gebiet der additiven Fertigung noch in einem sehr frühen Stadium, da bislang vor allem Prototypen additiv gefertigt werden [134]. Insbesondere bei den Verfahren Fused Deposition Modelling, selektives Lasersintern mit Kunststoffpulver und Stereolithografie, bei denen jeweils Bauteile aus Kunststoff gefertigt werden, wird bei der Qualitätssicherung häufig lediglich die Maßhaltigkeit überprüft und es werden gelegentlich Probekörper hergestellt [135]. Additiv gefertigte metallische Bauteile werden häufiger im industriellen Maßstab hergestellt, weshalb Qualitätssicherungsprozesse im Bereich der metallischen Werkstoffe deutlich verbreiteter sind [136]. Laut KOLL sind jedoch die Qualitätsstandards und Qualitätssicherungsprozesse auch bei diesen Bauteilen noch nicht ausreichend vorhanden [137].

Wie aus der 4. Forschungsfrage (siehe Kapitel 1.2) ersichtlich ist, wird der Fokus in dieser Arbeit auf die Prüfung der geometrischen Abmessungen gelegt. Daher werden nachfolgend ausschließlich Prüfungen betrachtet, welche zur Absicherung der geometrischen Abmessungen dienen. Die Überprüfung der geometrischen Abmessungen ist die wohl am häufigsten durchgeführte Aktivität zur Qualitätskontrolle additiv gefertigter Bauteile [138]. Es wird die Überprüfung mit zwei verschiedenen Messmitteln betrachtet: die Messung mit Messschieber/ Messlehre und die Messung mit dem Koordinatenmessgerät (KMG).

2.4.1.1 Überprüfung mit dem Messschieber oder der Messlehre und visuelle Inspektion

Eine Überprüfung von Bauteilen lässt sich am kostengünstigsten manuell mit einem Messschieber oder einer Messlehre durchführen, wobei zudem eine hohe Flexibilität gegeben ist. Bei einer längerfristigen Nutzung der Messmittel sind die Messmittelkosten zu vernachlässigen. Die Kosten der Nutzung resultieren daher hauptsächlich aus dem Personalaufwand. Aus dem entstehenden Messaufwand ergibt sich die Teilprozessdauer. Diese ist außerdem abhängig von der Verfügbarkeit und der Komplexität des Bauteils, den Vorgaben hinsichtlich der Ergebnisdokumentation und der Anzahl der Messpunkte. Im Modul zur Berechnung der Bauteilkosten in Kapitel 4.5.1.2.1 wird davon ausgegangen, dass der messende

[132] Vgl. Seghezzi, H.; Fahrni, F.; Friedli, T. (Integriertes Qualitätsmanagement) (2013), S. 329.

[133] Vgl. Pfeifer, T.; Schmitt, R. (Masing Handbuch Qualitätsmanagement) (2014), S.°525.

[134] Vgl. Rübenach (Wer verantwortet den 3D-Druck?) (2016).

[135] Vgl. Gebhardt, A. (Generative Fertigungsverfahren) (2013), S. 441.

[136] Vgl. Huang, T.; Wang, S.; He, K. (Quality control for fused deposition modeling based additive manufacturing: Current research and future trends) (2015).

[137] Vgl. Koll, S. (Eindeutig zu Tolerant) (2015).

[138] Vgl. ebenda (Eindeutig zu Tolerant) (2015).

Mitarbeiter parallel und gleichzeitig zur manuellen Messung eine visuelle Inspektion der Oberfläche am Bauteil durchführt.

2.4.1.2 Überprüfung mit einem Koordinatenmessgerät

Prinzipiell werden in der Koordinatenmesstechnik Messpunkte auf der Oberfläche eines Bauteils mit Hilfe eines Messtasters erhoben. Bedingt durch die räumliche Messung in drei Dimensionen lassen sich neben der Prüfung von Maßen auch Form- und Lageprüfungen durchführen [139].

Mit einem Koordinatenmessgerät lässt sich bei einem komplexen Bauteil eine Messung sehr präzise durchführen. Insbesondere in der Serien- und Massenfertigung sind teilautomatisierte Messungen durch eine CNC-Steuerung der Messgeräte basierend auf bauteilspezifischen Messprogrammen durchführbar, wodurch die Personalkosten reduziert werden [140].

Koordinatenmessgeräte besitzen tendenziell eine höhere Messgenauigkeit verglichen mit manuellen Messungen, insbesondere bei der Vermessung komplexer Geometrien und großer Bauteile. Einen weiteren Vorteil stellt die Automatisierbarkeit des Messprozesses und die Möglichkeit der Vermessung relativ komplexer Geometrien dar. Bei Hinterschneidungen am Bauteil und verwinkelten Strukturen kann jedoch die Zugänglichkeit bestimmter Bauteilflächen für den Messtaster eingeschränkt sein, sodass keine Messung möglich ist.

Wegen der hohen Anschaffungskosten eines KMG und des relativ hohen Prüfungsaufwandes wird eine Messung mit dem KMG insbesondere zur Prüfung von Musterbauteilen, von besonders kritischen Bauteilen und zur Durchführung von Stichprobenprüfung in der Serienproduktion eingesetzt.

2.4.2 Fehlerarten in Hypothesentests

Hypothesentests basieren auf dem Vergleich von Testgrößen, die aus den Informationen einer Stichprobe gewonnen wurden, mit passenden Verteilungen. Bei Hypothesentests werden zunächst eine Nullhypothese H_0 und eine Alternativhypothese H_1 aufgestellt. Dann wird der Test durchgeführt, indem ausgehend von einer Irrtumswahrscheinlichkeit (von normalerweise 5 Prozent) eine Testgröße berechnet und mit einem kritischen Wert aus einer Verteilung verglichen wird. Basierend darauf erfolgt dann die Entscheidung, ob die Nullhypothese angenommen oder abgelehnt wird. Nachfolgend wird die Definition der Fehlerarten auf die Annahme oder Ablehnung der Nullhypothese bezogen.

Wie in Abbildung 2-10 dargestellt, können dabei zwei Arten von Fehlern auftreten.[141]

[139] Vgl. Neumann, H. (Präzisionsmesstechnik in der Fertigung mit Koordinatenmessgeräten) (2004), S.°166.

[140] Vgl. Weck, M.; Brecher, C. (Werkzeugmaschinen 4) (2006), S.°256.

[141] Vgl. Schmitt, R. (Basiswissen Qualitätsmanagement) (2015), S. 198 f.

		Realität	
		H_0 richtig	H_0 falsch
Entscheidung	ablehnen	α- Fehler	richtige Entscheidung
	annehmen	richtige Entscheidung	β- Fehler

Abbildung 2-10: Fehlerarten bei Hypothesentests

Unter der Annahme, dass die Nullhypothese ausdrückt, dass das Qualitätsmerkmal den geforderten Spezifikationen entspricht, gilt:[142]

Bei einem α-Fehler wird die Nullhypothese fälschlicherweise abgelehnt, d.h. ein Qualitätsmerkmal, welches den Spezifikationen genügt, wird irrtümlich als fehlerhaft klassifiziert.

Bei einem β-Fehler wird die Nullhypothese fälschlicherweise angenommen, d.h. ein Qualitätsmerkmal wird irrtümlich als in Ordnung bewertet, obwohl es tatsächlich fehlerhaft ist.

2.4.3 Bestimmung des Anteils fehlerhafter Teile

Bei den erhobenen Messdaten zu den geometrischen Abmessungen wird angenommen, dass die Verteilung der gemessenen Zielwerte näherungsweise der Normalverteilung mit dem Mittelwert μ und der Standardabweichung σ entsprechen.

Es wird eine Wahrscheinlichkeit p_c definiert, mit der ein Bauteil „in Ordnung (i.O.)" ist, und eine Gegenwahrscheinlichkeit p, mit der ein Bauteil nicht den Vorgaben entspricht und damit als „nicht in Ordnung (n.i.O.)" klassifiziert wird.

Durch die Funktion $\Phi\left(\frac{UG-\mu}{\sigma}\right)$ wird die Wahrscheinlichkeit beschrieben, dass das betrachtete Qualitätsmerkmal einen Wert besitzt, der sich unterhalb der unteren Toleranzgrenze UG befindet. Analog dazu ergibt die Funktion $\Phi\left(\frac{OG-\mu}{\sigma}\right)$ die Wahrscheinlichkeit, dass der Wert des Qualitätsmerkmals unterhalb der oberen Toleranzgrenze OG liegt. In Abbildung 2-11 ist dieser Zusammenhang graphisch dargestellt.

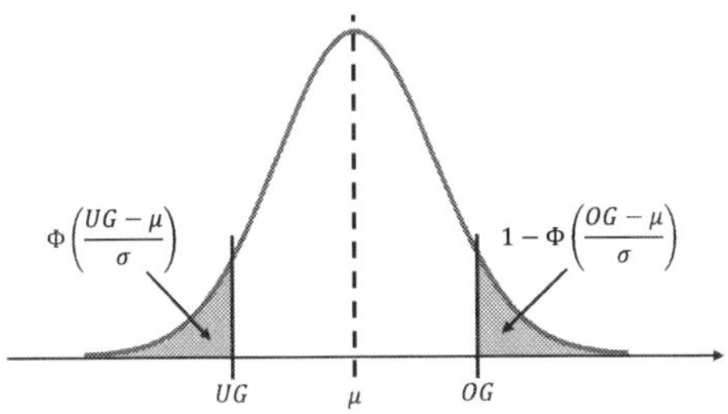

Abbildung 2-11: Normalverteilung des Qualitätsmerkmals mit unterer und oberer Toleranzgrenze [143]

[142] Vgl. Pfeifer, T.; Schmitt, R. (Fertigungsmesstechnik) (2010), S. 421.

[143] Vgl. Pearn, W.; Kotz, S. (Encyclopedia and handbook of process capability indices) (2006), S. 42.

Damit ergibt sich die Wahrscheinlichkeit p_c, dass das betrachtete Qualitätsmerkmal des Bauteils in Ordnung ist anhand der folgenden Formel:

$$p_c = \Phi\left(\frac{OG - \mu}{\sigma}\right) - \Phi\left(\frac{UG - \mu}{\sigma}\right) \qquad \text{Gl. 2-1}$$

p_c: Anteil produzierter Gutteile

$\Phi(z)$: Verteilungsfunktion der Standardnormalverteilung

OG: obere Toleranzgrenze

UG: untere Toleranzgrenze

μ: Mittelwert

σ: Standardabweichung

Bei den „nicht in Ordnung (n.i.O.)"-Bauteilen (Schlechtteilen) befindet sich das betrachtete Qualitätsmerkmal nicht innerhalb der Spezifikationsgrenzen. Daher folgt der Anteil der produzierten „n.i.O."-Bauteile oder Schlechtteile aus der Gegenwahrscheinlichkeit p zur Wahrscheinlichkeit p_c:[144]

$$p = 1 - p_c = 1 - \Phi\left(\frac{OG - \mu}{\sigma}\right) + \Phi\left(\frac{UG - \mu}{\sigma}\right) \qquad \text{Gl. 2-2}$$

Damit wurde gezeigt, wie sich die Wahrscheinlichkeit für ein „n.i.O."-Bauteil berechnen lässt.

2.4.4 Hilfsmittel zur Identifikation kritischer Merkmale

Sämtliche Prüfungen sind mit einem gewissen wirtschaftlichen Aufwand verbunden. Daher ist es notwendig zunächst den Fokus auf die besonders kritischen Merkmale zu legen. Zur Bestimmung derartiger Merkmale kann auf die Prüfnotwendigkeit zurückgegriffen werden. Bei der zu entwickelnden Methodik wird zur Ermittlung der Prüfnotwendigkeit auf die Fehlermöglichkeits- und -einflussanalyse (FMEA) oder/ und die Besonderen Merkmale (BM) zurückgegriffen.

2.4.4.1 Fehlermöglichkeits- und -einflussanalyse (FMEA)

Bei der Fehlermöglichkeits- und -einflussanalyse (engl. failure mode and effects analysis, FMEA) handelt es sich um eine präventive Methode des Qualitätsmanagements. Mit Hilfe der FMEA sollen potenzielle Fehler bereits vor ihrem Auftreten erkannt und durch präventive Maßnahmen verhindert werden.[145] Durch das Ansteigen der Fehlerkosten im Laufe der Produktentstehung gemäß der empirischen Zehnerregel der Kosten pro Fehler[146] wird ersichtlich, wie bedeutsam die Fehlerprävention und damit auch eine FMEA zur Reduzierung der Fehlerkosten ist.

---

[144] ebenda (Encyclopedia and handbook of process capability indices) (2006), S. 42.

[145] Vgl. Schmitt, R. (Basiswissen Qualitätsmanagement) (2015), S. 89.

[146] Vgl. Schmitt, R.; Pfeifer, T. (Qualitätsmanagement) (2015), S. 3.

Das vorrangige Ziel einer FMEA ist das Verhindern von Produktfehlern in der Entstehungs- und Produktionsphase. Somit soll verhindert werden, dass mögliche Fehler vom Kunden und damit in der Nutzungsphase bemerkt werden[147]. Dafür werden mit Hilfe der FMEA proaktiv potenzielle Fehler eingeschätzt. Viele Unternehmen verwenden die FMEA, um ihre Leistung im Bereich Qualität zu verbessern.[148]

Für die Fehlereinschätzung wird im Rahmen der FMEA das betrachtete System eingegrenzt, in seine Funktionen zerlegt und anschließend nach Fehlerfolgen sowie Fehlerursachen dieser Funktionen gesucht. Im Anschluss werden die mit den Fehlerfolgen verbundenen Risiken bewertet, um daraus abgeleitet Vermeidungsmaßnahmen zu beschreiben, zu priorisieren, zu implementieren und zu kontrollieren. Im Rahmen der Risikobewertung werden die ermittelten Fehlerfolgen hinsichtlich ihrer Bedeutung (B), ihrer Auftretenswahrscheinlichkeit (A) sowie ihrer Entdeckungswahrscheinlichkeit (E) bewertet.[149]

Der generelle Ablauf zur Erstellung einer FMEA gliedert sich in die folgenden sechs Schritte:[150]

1. Arbeitsplan
   Im ersten Schritt findet die Vorbereitung zur FMEA statt. Dazu wird ein Arbeitsplan erstellt, in welchem das Team zusammengestellt und der verantwortliche Teamleiter festgelegt sind. Darüber hinaus wird der Moderator benannt und es erfolgt die Aufgabenverteilung. Zielvorgaben werden definiert und der genaue Terminplan wird festgelegt. Zudem erfolgt eine Zusammenstellung von Fehlerdaten wie Ausfalldaten und es werden Unterlagen wie Konstruktionszeichnungen bereitgestellt.[151]

2. Systemanalyse
   In der Systemanalyse werden die beteiligten Elemente erfasst und strukturiert. Darauf aufbauend erfolgt die Erstellung der Systemstruktur.[152]

3. Funktionsanalyse
   Die Funktionsanalyse untersucht die Funktionen der ermittelten Systemelemente und stellt deren Zusammenwirken als Funktionsbaum dar. Jede Funktion wird dann auf mögliche Risiken schlechter Funktionserfüllung überprüft.[153]

4. Fehlerursachenanalyse
   Die Fehlerursachenanalyse ordnet die Fehler den sieben Ursachenblöcken Material, Methode, Maschine, Messmittel, Mitwelt, Mitarbeiter, Management zu.[154]

[147] Brückner, C. (Qualitätsmanagement) (2011), S. 217.

[148] Vgl. Issar, G.; Navon, L. (Operational Excellence) (2016), S. 37.

[149] Vgl. Wilke, T.; Petersen, B. (fmea3d - Implementierung einer alternativen RPZ Berechnungsmethode in R) (2014), S. 1.

[150] Vgl. Brunner, F.; Wagner, K.; Durakbasa, N. (Taschenbuch Qualitätsmanagement) (2011), S. 129.

[151] Vgl. ebenda (Taschenbuch Qualitätsmanagement) (2011), S. 130.

[152] Vgl. Pfeufer, H.-J. (FMEA – Fehler-Möglichkeits- und Einfluss-Analyse) (2014), S. 37.

[153] Vgl. Brunner, F.; Wagner, K.; Durakbasa, N. (Taschenbuch Qualitätsmanagement) (2011), S. 130.

[154] Vgl. ebenda (Taschenbuch Qualitätsmanagement) (2011), S. 132.

5. Risikobewertung
Während der Risikobewertung werden die Faktoren Fehlerbedeutung (B), Fehler-Auftretenswahrscheinlichkeit (A) und Fehler-Entdeckungswahrscheinlichkeit (E) bezüglich ihrer Ausprägung untersucht und die Risikoprioritätszahl ermittelt.[155]

6. Verbesserungsmaßnahmen
In diesem Schritt sind geeignete Abstellmaßnahmen bei risikobehafteten Fehlerursachen zu finden und zu präzisieren. Das Hauptziel ist dabei das Ausschließen der Fehlerursache (A = 1).[156]

In dieser Arbeit ist der fünfte Schritt, die Risikobewertung, von großer Bedeutung. Dabei wird jedoch die Entdeckungswahrscheinlichkeit (E) im weiteren Verlauf der Arbeit nicht weiter betrachtet.

Durch die korrekte Anwendung der FMEA ergibt sich eine Reihe von methodischen, technischen und psychologisch-organisatorischen Vorteilen[157]. Zu den methodischen Vorteilen zählen vor allem die Systematik der FMEA und die Universalität ihrer Anwendbarkeit. Die technischen Vorteile umfassen die Produktivitätssteigerungen und Kostensenkungen. Psychologisch-organisatorische Vorteile ergeben sich aus dem gesteigerten Qualitätsbewusstsein der beteiligten Mitarbeiter.[158] In der Literatur sind umfangreiche Beispiele zur Durchführung einer FMEA dokumentiert.[159]

Weiter ist es möglich in der FMEA sogenannte besondere Merkmale zu identifizieren, zu dokumentieren und nachzuverfolgen[160]. Für die zu entwickelnde Methodik wird zur Ermittlung der Prüfnotwendigkeit die FMEA verwendet.

2.4.4.2 Besondere Merkmale (BM)

Bei besonderen Merkmalen handelt es sich um Merkmale, die besonderer Sorgfalt bedürfen und nicht über andere geregelte Prozesse bearbeitet werden[161]. Diese Merkmale müssen besonders berücksichtigt werden, da sie eine hohe Relevanz für die Produktsicherheit besitzen[162].

Nach ISO/TS 16949 Abschnitt 3.1.2 werden besondere Merkmale als „Produktmerkmale oder Produktionsprozessparameter, die Auswirkungen auf die Sicherheit oder Einhaltung behördlicher Vorschriften, die Passform, die Funktion, die Leistung oder die weitere Verarbeitung des Produktes haben können“ definiert[163]. Weitere besondere Merkmale sind die nachweispflichtigen Merkmale. Bei den nachweispflichtigen Merkmalen handelt es sich um solche, die einer besonderen Archivierung bedürfen. Die

---

[155] Vgl. ebenda (Taschenbuch Qualitätsmanagement) (2011), S. 132.

[156] Vgl. ebenda (Taschenbuch Qualitätsmanagement) (2011), S. 133.

[157] Vgl. Nedeß, C.; Nickel, J. (FMEA wissensbasiert erstellen) (1993), S. 689.

[158] Vgl. Stahl, P. (Die Qualitätstechnik FMEA als Lerninstrument in Organisationen) (1997), S. 17f.

[159] Vgl. Pfeufer, H.-J. (FMEA – Fehler-Möglichkeits- und Einfluss-Analyse) (2014), S. 61ff.

[160] Vgl. Verband der Automobilindustrie e.V. (Prozessbeschreibung Besondere Merkmale (BM)) (2011), S. 29.

[161] Vgl. Werdich, M. (FMEA - Einführung und Moderation) (2012), S. 67.

[162] Vgl. Brückner, C. (Qualitätsmanagement) (2011), S. 206.

[163] Vgl. ISO/TS 16949 (Qualitätsmanagementsysteme - Besondere Anforderungen bei Anwendung von ISO 9001:2008 für die Serien- und Ersatzteil-Produktion in der Automobilindustrie) (2009).

Merkmale selbst und die dazugehörenden Dokumente und Aufzeichnungen werden als Dokumente mit besonderer Archivierung bezeichnet.[164]

Der Prozess der Besonderen Merkmale in der Produktentstehung ist im VDA-Band „Prozessbeschreibung Besondere Merkmale (BM)" detailliert beschrieben[165]. Im Rahmen dieser Arbeit wird auf diesen Prozess nicht detaillierter eingegangen, da nachfolgend die Prüfnotwendigkeit mit Hilfe der FMEA ermittelt wird.

2.5 Objektbereich Qualitätskosten

2.5.1 Untergliederung der Qualitätskosten

Nach LINß setzen sich qualitätsbezogene Kosten aus sämtlichen Kosten für Tätigkeiten zur Fehlerverhütung, für planmäßige Qualitätsprüfungen, für interne und extern festgestellte Fehler sowie den Kosten, welche durch die externe QM-Darlegung entstehen, zusammen.[166] Analog dazu beschreibt auch HERING die Qualitätskosten, wie in Abbildung 2-12 dargestellt.

Qualitätskosten			
Fehlerverhütungskosten • Qualitätsplanung • Lieferantenbeurteilung • Qualitätsfähigkeits-untersuchungen • Leitung des Qualitätswesens • Prüfplanung • Qualitätslenkung • Qualitätsaudit • Qualitätsförderung • sonstige Kosten	*Qualitäts-Prüfkosten* • Wareneingang, Fertigung, Endprüfung • Abnahmeprüfung • Laboruntersuchung • Dokumentation • Prüfmittel • Instandhaltung/ Überwachung der Prüfmittel • sonstige Kosten	*interne Fehlerkosten* • Ausschuss • Mehr- und Nacharbeit • Sortierprüfung • Wiederholungsprüfung • Untersuchung zur Fehlerursachenfindung • Wertminderung • sonstige Kosten	*externe Fehlerkosten* • Gewährleistung • Kulanz • Ausschuss- und Nacharbeitskosten • Produkthaftung • sonstige Kosten

Abbildung 2-12: Einteilung der Kostenarten[167]

Der Verband der Automobilindustrie (VDA) schlägt eine vereinfachte Untergliederung der qualitätsbezogenen Kosten in lediglich zwei Kostenarten, Fehlerkosten und Fehlerverhütungskosten, vor (siehe Abbildung 2-13).

[164] Vgl. Brückner, C. (Qualitätsmanagement) (2011), S. 206.

[165] Vgl. Verband der Automobilindustrie e.V. (Prozessbeschreibung Besondere Merkmale (BM)) (2011), S. 11.

[166] Vgl. Linß, G. (Qualitätsmanagement für Ingenieure) (2018), S. 741f.

[167] Vgl. Hering, E. (Qualitätsmanagement für Ingenieure) (2003), S. 375 ff.

Qualitätsbezogene Kosten	
Fehlerkosten • Ausschuss • Nacharbeit • Gewährleistungs- und Kulanzkosten	*Fehlerverhütungskosten* • Qualitätsmanagementsystem • Qualitätsvorausplanung • Geplante Prüfungen • Lieferantenmanagement

Abbildung 2-13: Untergliederung der qualitätsbezogenen Kosten[168]

Zu den Fehlerkosten werden Kosten für Ausschuss und Nacharbeit sowie Gewährleistungs- und Kulanzkosten gezählt. Bei den Fehlerverhütungskosten handelt es sich um die Kosten für das Qualitätsmanagementsystem, die Qualitätsvorausplanung, die geplanten Prüfungen in Vorserie und Serie sowie das Lieferantenmanagement. In der Regel werden Fehlerkosten erhoben und durch entsprechende Kennzahlen veranschaulicht. Im Gegensatz dazu lassen sich die Fehlerverhütungskosten nur schwierig eindeutig abgrenzen und beziffern. Mit weitergehenden Untergliederungen der qualitätsbezogenen Kosten wird in den verbreiteten Kostenrechnungssystemen in der unternehmerischen Praxis kaum gearbeitet.[169]

2.5.2 Kostenberechnungsmodelle für additiv gefertigte Bauteile

In Tabelle 2-2 ist ein Überblick über verschiedene Kostenberechnungsmodelle für additiv gefertigte Bauteile (engl. additiv manufactured parts; Abkürzung: AM-Teile) in der Kleinserien- und Serienproduktion dargestellt. Zu jedem Kostenmodell sind die wichtigsten Beobachtungen für die vorliegende Arbeit und Hinweise zu Forschungslücken aufgelistet.

Tabelle 2-2: Überblick über alle Kostenberechnungsmodelle für AM-Bauteile nach Autoren

Autor des Models	Beobachtungen und Forschungslücke
Hopkinson and Dickens[170]	• Eines der ersten Modelle zur Kostenkalkulation von AM-Teilen in der Serienproduktion • Break-Even-Kostenanalyse verschiedener additiver Fertigungsverfahren im Vergleich zum Spritzgießen • Nur Maschinen-, Arbeits- und Materialkosten berücksichtigt • Qualitäts- und Nachbearbeitungskosten vernachlässigt
Ruffo et. al[171]	• Erweiterte Version des Modells von Hopkinson und Dickens, verwendet Activity Based Costing (ABC) für die Kostenberechnung. • Darstellung der Veränderung der Kosten gegenüber dem Produktionsvolumen in einer sägezahnförmigen Kurve • Energieverbrauch bei der Kostenberechnung berücksichtigt • Qualitäts- und Nachbearbeitungskosten vernachlässigt

[168] Vgl. Verband der Automobilindustrie e.V. (Qualitätsbezogene Kosten) (2015), S. 8.

[169] Vgl. ebenda (Qualitätsbezogene Kosten) (2015), S. 8.

[170] Vgl. Hopkinson, N.; Dickens, P. (Analysis of rapid manufacturing) (2003).

[171] Vgl. Ruffo, M.; Hague, R. (Cost estimation for rapid manufacturing - simultaneous production of mixed components using laser sintering) (2007).

Baumer et. al[172]	• Erweiterte Version des Ruffo-Modells • In Kostenberechnung berücksichtigt, dass AM-Teil aus großer Anzahl von Punkten besteht. • Wichtigste Kostentreiber des AM-Teils: Herstellungsgeschwindigkeit und Energieverbrauch • Qualitäts- und Nachbearbeitungskosten vernachlässigt
Rickenbacher et. al[173]	• Detaillierte Analyse der Kostenberechnung über alle Phasen der Fertigung und Verwendung der ABC-Methode der Kostenrechnung • Erstes Modell zur Kostenkalkulation eines einzelnen Bauteils, das in einer Baukammer hergestellt wird – gleichzeitig mit anderen verschiedenen Teilen • Kosten des Energieverbrauchs vernachlässigt
Lindemann et. al[174]	• Erweiterte Version des Ruffo-Modells und Verwendung der ABC-Methode • Erstes Modell, das Nachbearbeitungskosten und Qualitätskontrollkosten einbezieht. • Methode zur Berechnung der Qualitätskosten, wobei zu berücksichtigende Parameter nicht erläutert werden.
Schröder et. al [175]	• Genaue Analyse der Kosten und Verwendung der ABC-Methode • Schätzung der Kostenaufschlüsselung in Bezug auf die einzelnen Prozessschritte • Qualitäts- und Nachbearbeitungskosten berücksichtigt – ohne Parameter bei den Qualitätskosten eindeutig zu erläutern

Alle Modelle basieren auf dem ersten Kostenmodell von HOPKINSON UND DICKENS und weisen nur geringe Änderungen und gegebenenfalls zusätzliche Prozessschritte auf, um die Genauigkeit der Gesamtkosten zu verbessern. Nur sehr wenige Modelle berücksichtigen die Kosten für die Qualitätsprüfung und -kontrolle.

In sämtlichen Modellen werden die Gesamtkosten durch die verwendete Prozesskette bestimmt und eine Methode namens Activity Based Costing (ABC)[176] angewandt, die zeitabhängig ist, d.h. die Kosten sind von der Dauer jeder Aktivität in der Prozesskette abhängig. Der erste Schritt bei der ABC-Methode besteht darin, alle für die Herstellung der Teile erforderlichen Tätigkeiten zu ermitteln. Der zweite Schritt beinhaltet, die Kosten für die Durchführung jeder dieser Tätigkeiten zu bestimmen. Die Gesamtkosten des Produkts ergeben sich aus der Summe aller Kosten der einzelnen Tätigkeiten.

---

[172] Vgl. Baumers, M. (Economic aspects of additive manufacturing: benefits, costs and energy consumption) (2012).

[173] Vgl. Rickenbacher, L.; Spierings, A.; Wegener, K. (An integrated cost-model for selective laser melting (SLM)) (2013).

[174] Vgl. Lindemann, C.; Jahnke, U. (Laser Additive Manufacturing) (2017).

[175] Vgl. Schröder, M.; Falk, B.; Schmitt, R. (Evaluation of Cost Structures of Additive Manufacturing Processes Using a New Business Model) (2015).

[176] Vgl. Cooper, R.; Kaplan, R. (Measure costs right: make the right decisions) (1988), S. 98f.

In Abbildung 2-14 wird bewertet, welche Kostentreiber aus dem Produktentstehungsprozess eines additiv gefertigten Bauteils in ausgewählten Veröffentlichungen in welchem Maße berücksichtigt wurden. Es werden somit die Analysen aus Tabelle 2-2 zusammengefasst.

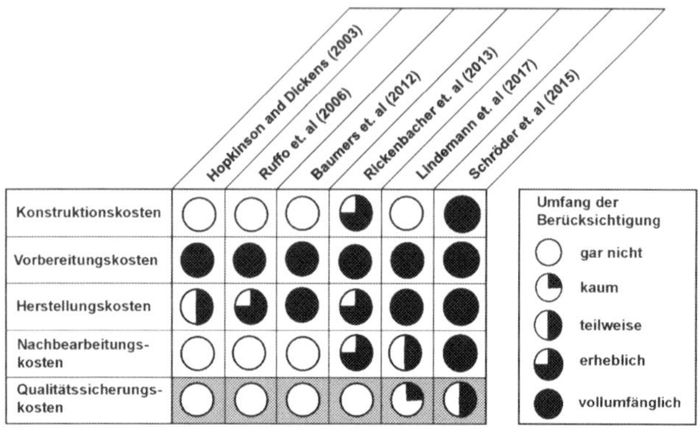

Abbildung 2-14: Berücksichtigung verschiedener Kostentreiber in ausgewählten Veröffentlichungen zur Kostenkalkulation für additiv gefertigte Bauteile in der Serienproduktion

Es zeigt sich, dass insbesondere die Kosten, welche bei der Vorbereitung und der Herstellung von additiv gefertigten Bauteilen entstehen, in der Regel in die Kostenkalkulationen einbezogen werden. Die Kosten für die Qualitätssicherung werden in vielen Veröffentlichungen hingegen häufig vernachlässigt bzw. nur sehr begrenzt berücksichtigt. Lediglich bei Schröder et al. (2018) wird auf die Kosten der Qualitätssicherung von additiv gefertigten Bauteilen etwas detaillierter eingegangen.

Insgesamt wird deutlich, dass die Kosten für die Qualitätssicherung bei der Berechnung von additiv gefertigten Bauteilen kaum berücksichtigt werden.

2.6 Kritische Würdigung des Erkenntnistandes und Forschungsbedarf

Resultierend auf dem in Kapitel 2 beschriebenen Stand der Erkenntnis ergeben sich folgende Forschungsdefizite:

- Es ist keine umfassende Systematik bekannt, welche strukturiert und detailliert erfasst, an welchen Stellen und zu welchem Zweck im Produktentstehungsprozess Prototypen eingesetzt werden.
- Kostenmodelle im Bereich des 3D-Drucks sind für Prozessprototypen in Kleinserien zu ungenau, da sie die geometrischen Eigenarten des Bauteils häufig unzureichend berücksichtigen.
- In der Regel werden die Unsicherheiten der geometrischen Abmessungen bei additiv gefertigten Bauteilen nicht betrachtet.
- Bei Kostenmodellen für additiv gefertigte Bauteile wird der Bereich der Qualitätssicherung häufig vernachlässigt.

Aus diesen einzelnen Forschungsdefiziten ergibt sich der folgende Forschungsbedarf (Fb):

Fb 1 Es ist eine Systematik abzuleiten, welche die Bedeutung von additiv gefertigten Bauteilen als Prototypen beispielsweise in Kleinserien für den Produktentstehungsprozess aufzeigt und damit die Notwendigkeit detaillierter Kostenmodelle unter Berücksichtigung der Qualitätskosten für additiv gefertigte Bauteile dokumentiert.

Fb 2 Es ist eine Methodik zu erarbeiten, die das Vorgehen von der Identifikation des Prüfmerkmals über die Auswahl des Prüfmittels bis zur Erhebung der Qualitätskosten detailliert abbildet.

Fb 3 Es ist ein Modell zur Berechnung der Qualitätskosten für additiv gefertigte Bauteile zu entwickeln, welches die Kalkulation der Herstellkosten beinhaltet und berücksichtigt, dass viele Kostenaspekte starken produkt- und unternehmensspezifischen Einflüssen unterliegen.

Fb 4 Relevante Unsicherheiten bei den geometrischen Abmessungen der additiv gefertigten Bauteile sind in die Berechnung der Qualitätskosten einzubeziehen, sodass unter anderem eine Integration der α- und β-Fehler erfolgt.

In den folgenden Kapiteln wird auf den Forschungsbedarf chronologisch eingegangen. In Kapitel 3 wird eine Systematik für den Einsatz von additiv gefertigten Bauteilen als Prototypen entwickelt (Fb 1). In Kapitel 4 wird eine Methodik zur Berechnung der Qualitätskosten (Fb 2) konzipiert und ausgestaltet. Für diese Methodik wird in Kapitel 4.5.1.2.1 ein Modul zur präzisen Kostenkalkulation additiv gefertigter Bauteile (Fb 3) entwickelt. In Kapitel 4.5.1.2.2 wird ein zweites Modul zur Berücksichtigung von Unsicherheiten bei den geometrischen Abmessungen bezogen auf additiv gefertigte Bauteile (Fb 4) erarbeitet.

3 Systematik für den Einsatz von Prototypen

In diesem Kapitel wird der Einsatz von additiv gefertigten Bauteilen als Prototypen beispielsweise in Kleinserien für den Produktentstehungsprozess dargelegt. Ziel ist es, eine Systematik abzuleiten und damit den Forschungsbedarf (Fb) 1 aus Kapitel 2.6 zu adressieren. Somit ist zu zeigen, welche Prototypenarten an welcher Stelle im Produktentstehungsprozess eingesetzt werden. Dabei sollen auch Kostenaspekte berücksichtigt werden. In Kapitel 2.2 wurden bereits vielfältige Einsatzmöglichkeiten von Prototypen angesprochen. In diesem Kapitel werden nach der Analyse des Entwicklungsprozesses unterschiedliche Prototypenarten (siehe Kapitel 3.1.1) und Prototypenzwecke (siehe Kapitel 3.1.2) beschrieben.

Als Ordnungsrahmen für die Systematik wird das Prozessmodell der integrierten Produktentwicklung (IPE) nach ANDREASEN und HEIN aus Kapitel 2.1.4.2 verwendet. Basierend darauf wird analysiert, in welchen Disziplinen ((A)-(C)) und Phasen (1-5) der Einsatz eines Prozessprototypen zweckmäßig ist. Anfangs wird betrachtet, welche Aktivitäten die einzelnen Disziplinen in den jeweiligen Phasen umfassen, um basierend darauf eine genaue Analyse des Prototypeneinsatzes vorzunehmen. Dabei ist im Fokus, wie sich Probleme im Entwicklungsprozess unter Zuhilfenahme eines Prototyps lösen lassen.

In das Modell nach ANDREASEN und HEIN sind die Bereiche *Marketing und Vertrieb*, *Entwicklung und Konstruktion* sowie *Produktion* integriert. Diese Bereiche bilden die bedeutsamsten Disziplinen der Produktentwicklung.[177] Darüber hinaus wird insbesondere über den Bereich Marketing und Vertrieb auch der Kunde in den Entwicklungsprozess einbezogen. In jeder industriellen Entwicklung findet eine Zusammenarbeit dieser Bereiche statt. Allerdings ist diese Zusammenarbeit häufig von einem starken Abteilungsdenken geprägt und von wenig Kommunikation an den Schnittstellen bzw. über Abteilungsgrenzen hinweg. Bei der integrierten Produktentwicklung (IPE) wird eine abteilungsübergreifende Zusammenarbeit praktiziert. Dies manifestiert sich beispielsweise in regelmäßigen Abstimmungsterminen oder sogar in gemeinsamen Räumlichkeiten. Darüber hinaus werden bedarfsabhängig weitere Beteiligte wie die Lieferanten, das Controlling usw. in den Entwicklungsprozess integriert.

Um die Inhalte einer Phase im Einzelnen zu identifizieren, werden die folgenden Schlüsselaufgaben zur Entwicklung neuer Produkte nach COOPER zu Grunde gelegt:

Ideen Screening, *Marktgrobanalyse*, *Technische Grobanalyse*, *Marktfeinanalyse*, *Finanzanalyse/ Businessplan*, *Technische Entwicklung*, *Produkttest* (*inhouse*), *Produkttest* (*Kunde*), *Produktionstest*, *Überarbeitung Businessplan*, *Produktionsstart* und *Markteinführung*.[178]

Jede Schlüsselaufgabe lässt sich einer der drei Abteilungen des IPE-Modells zuordnen, z.B. Marktgrobanalyse → Marketing und Vertrieb; Technische Grobplanung → Entwicklung und Konstruktion; Produktionstests → Produktion.

[177] Vgl. Hungenberg, H. (Strategisches Management in Unternehmen) (2014), S.°153ff; vgl. Schömann, S. (Produktentwicklung in der Automobilindustrie) (2012), S.°40ff.

[178] Vgl, Cooper, R. (Top oder Flop in der Produktentwicklung) (2002), S.°21ff; vgl. Schäppi, B. (Handbuch Produktentwicklung) (2005), S.°14.

Gewisse Schlüsselaufgaben sind nicht nur einer Phase zuzuordnen, sondern mehreren. Beispielsweise lassen sich Produkttests zu Beginn des PEP zur Absicherung von Anforderungen und deren Machbarkeit, jedoch auch gegen Ende des Prozesses zur Absicherung des gesamten Produkts einsetzen.

Nachfolgend werden nun die Schlüsselaufgaben der Produktentwicklung den einzelnen Abteilungen und Phasen zugewiesen. Dabei werden auch die Inhalte der empirischen *Erfolgskriterienstudien*[179] berücksichtigt. In Abbildung 3-1 ist ein Ausschnitt der Zuordnung der Schlüsselaufgaben zu den einzelnen Phasen bzw. Abteilungen dargestellt. Der Ausschnitt beschreibt das Feld A2, d.h. Marktanalyse in der Phase 2 (vgl. Abbildung 2-1).

Schlüsselaufgabe	Quelle: Schlüsselaufgabe	...
Marktfeinanalyse		...
- Kundenidentifikation - Kundenanforderungen analysieren (Basismerkmale, Leistungsmerkmale, Begeisterungsmerkmale, Rückweisungsmerkmale, unerhebliche Merkmale) - Anforderungsliste - Lastenheft ausarbeiten	Schäppi (2005)[180]; Cooper (2002)[181]; VDI 2221; Andreasen und Hein (1987)[182], Ehrlenspiel und Meerkamm (2013)[183], Feldhusen et al. (2013)[184]; Prefi et al. (2014)[185]; VDA (2009)[186]	...

Abbildung 3-1: Kriterien der Produktentwicklung im Feld A2 (Marktanalyse: Marketing – Phase 2)

3.1 Differenzierung der Prototypen

In diesem Kapitel wird eine Prototypenklassifizierung entwickelt. Diese Klassifizierung soll allgemein gültig und damit von der Phase und der Abteilung unabhängig sein und zwischen Prototypenart (siehe Kapitel 3.1.1) und Prototypenzweck (siehe Kapitel 3.1.2) unterscheiden.

3.1.1 Einteilung in Prototypenarten

In diesem Kapitel soll auf der Basis von Kapitel 2.2 eine Einteilung der Prototypen nach ihrer Art erfolgen. In Kapitel 2.2.2 wurde beschrieben, dass Prototypen völlig unterschiedlich eingesetzt werden und daher auch verschiedene Eigenschaften besitzen.

Anhand von Anschauungsprototypen werden die optischen Eigenschaften wie das Design (Form, Farbe, Oberfläche) und die Proportionen geprüft. Funktionsprototypen dienen zur Prüfung einer Funktion und damit zur Absicherung der Anforderungserfüllung. Prozessprototypen hingegen werden als Referenzmodelle für den Entwicklungs- oder Produktionsprozess eingesetzt und dienen beispielsweise zur

[179] Vgl. Papies, S. (Phasenspezifische Erfolgsfaktoren von Innovationsprojekten) (2006), S. 18ff.

[180] Vgl. Schäppi, B. (Handbuch Produktentwicklung) (2005).

[181] Vgl. Cooper, R. (Top oder Flop in der Produktentwicklung) (2002).

[182] Vgl. Andreasen, M.; Hein, L. (Integrated product development) (1987).

[183] Vgl. Ehrlenspiel, K.; Meerkamm, H. (Integrierte Produktentwicklung) (2013).

[184] Vgl. Feldhusen, J.; et al. (Pahl/Beitz Konstruktionslehre) (2013).

[185] Vgl. Prefi, T. (Qualitätsmanagement in der Produktentwicklung) (2014).

[186] Vgl. Verband der Automobilindustrie (Produktentstehung, Reifegradabsicherung für Neuteile) (2009).

Analyse von Montageprozessen. Im Gegensatz dazu wird der Kommunikationsprototyp für die Verbesserung der Kommunikation eingesetzt, da er ein physisches Modell darstellt und damit den Informationsaustausch zwischen allen Beteiligten durch Veranschaulichung vereinfacht. Damit ist die Abgrenzung zu den vorher genannten Prototypen nicht gegeben. Denn sämtliche physische Modelle – seien es nun Anschauungs-, Funktions- oder Prozessprototypen – dienen der Kommunikation, in dem Sie die Verständigung durch ihren physischen Charakter verbessern. Der Kommunikationsprototyp passt damit nicht in diese Reihe und wird daher nicht als Klassifizierungsalternative aufgenommen.

Da der Anschauungsprototyp nicht nur der Anschauung – d.h. der äußeren Erscheinung[187]– dient, sondern auch für physische Analysen verwendet werden kann, wird diese Prototypenart im weiteren Verlauf der Arbeit als Formprototyp bezeichnet. In Abbildung 3-2 werden die identifizierten Prototypenarten – Formprototyp, Funktionsprototyp und Prozessprototyp – zusammenfassend mit Anwendungsbeispielen aufgelistet.

Anwendungsbeispiele: Analysen auf den Gebieten...		
Formprototyp	**Funktionsprototyp**	**Prozessprototyp**
• Design (Erscheinungsbild) • Oberfläche (Rauheit, Beschichtung etc.) • Haptik • Proportion • Farbe • Material	• Bewegung • Festigkeit • Beanspruchung • Handhabbarkeit (Nutzung) • Wirkprinzip • Material	• Integration • Ablauf/ Konzept • Montage • Modellierungsgrundlagen • Betriebsmittel • Abnahme und Konformität • Urmodell

Abbildung 3-2: Prototypenarten und Beispiele für Analysen

Nur diese Arten werden im weiteren Verlauf der Arbeit verwendet. Es können jedoch auch zwei oder drei Prototypenarten kombiniert vorliegen. Insbesondere wenn ein Prototyp einen hohen Reifegrad besitzt (siehe 2.2.1), erfüllt er in der Regel mehrere Funktionen. Vor dem Start der Serienfertigung werden zum Beispiel mehrfach Prototypen erzeugt, die sich kaum vom finalen Produkt unterscheiden. Unterschiede liegen dabei häufig nur bei der Herstellung des Prototyps im Vergleich zum Serienprodukt vor.[188] Da der Prototyp dem Endprodukt jedoch so ähnlich wie möglich sein soll, ist es das Ziel, dass er möglichst alle Prototypenarten in sich vereint.

3.1.2 Fokussierung des Prototypenzwecks

In diesem Kapitel werden unterschiedliche Einsatzzwecke für Prototypen in der Produktentstehung abgeleitet. In der Literatur werden unterschiedliche Gründe für den Prototypeneinsatz beschrieben. Seit 1995 führt der Psychologe PIERRE SACHSE Untersuchungen zum psychologischen Einfluss des Prototypeneinsatzes auf die Beteiligten während der Produktentwicklung durch.[189] Auf welche Art und Weise

[187] Vgl. o.V. (Duden - Die deutsche Rechtschreibung) (2014), S. 191.

[188] Vgl. Gebhardt, A. (Generative Fertigungsverfahren) (2013), S. 323.

[189] Vgl. Sachse, P.; Hacker, W. (Early Low-cost Prototyping) (1995).

ein Prototyp unterstützt, wurde im Rahmen einer Studie erforscht. Es lässt sich folgendermaßen zusammenfassen:[190]

- *Kommunikationshilfe*: Ein Prototyp dient als *Kommunikationshilfe*, indem er eine einfache und anschauliche Erklärungs- und Diskussionsbasis schafft, die durch die physische Darstellung des Produkt- bzw. Prozesskonzepts erreicht wird.
- *Dokumentationshilfe*: Ein Prototyp als *Dokumentationshilfe* schafft neue Möglichkeiten des einfacheren Informationsaustauschs zwischen den Mitarbeitern.
- *Speicherhilfe*: Im Rahmen des Prototypeneinsatzes zur *Speicherhilfe* werden die physischen Produktmodelle genutzt, um Informationen bzw. Ergebnisse zu identifizieren, zu selektieren und bereitzustellen. Dabei steht die Zusammenführung von Lösungsschritten und Teilergebnissen sowie die Entlastung des Arbeitsgedächtnisses der Mitarbeiter im Vordergrund.
- *Analysehilfe*: Prototypen ermöglichen durch den Einsatz als *Analysehilfe* die frühzeitige Problem- bzw. Schwachstellenerkennung, die Vermeidung von Denkfehlern, die Reduzierung von Fehlentscheidungen, die Konkretisierung der visuellen Vorstellung sowie das haptische Be-Greifen des Produkts. Die Nutzung der physischen Modelle bezieht sich hier in erster Linie auf die Ergebnisse, die anhand der Untersuchung der Produkt- bzw. Prozessfunktionen und -eigenschaften festgestellt werden.
- *Bewertungshilfe*: Prototypen zur *Bewertungs- oder Evaluationshilfe* nutzen die Evaluationspotentiale, die sich durch die physische Demonstration des Produkts ergeben. Im Gegensatz zur Analysehilfe geht es hierbei nicht um die Untersuchung, bzw. Erforschung mittels Prototypen, sondern um die Umsetzung der konkreten Bewertung des Produkts bzw. des Prozesses. Dies umfasst unter anderem die Beurteilung von Funktionen, Designeigenschaften, Montage- und Sicherheitsfaktoren, Fehlermöglichkeiten, Kosten, vorhandenen Informationen sowie das nötige Fachwissen.
- *Lösungshilfe*: Prototypen lassen sich zur Lösungsfindung einsetzen, d.h. sie können beim konkreten Prozess der Bearbeitung einer Problemstellung unterstützen. Neue Ideen lassen sich durch den Einsatz der Prototypen experimentell überprüfen und durch die physische Darstellung lässt sich die Problemkomplexität verringern.

Wie aus der Beschreibung der *Speicherhilfe* und der *Dokumentationshilfe* ersichtlich wird, lassen sich diese nur sehr schwer gegeneinander abgrenzen, da beide Aspekte mit unterschiedlicher Gewichtung teils für die Informationsermittlung und -bereitstellung und teils für den Informationsaustausch verwendet werden. Dies ist ursächlich für die Zusammenführung beider Aspekte im Einsatzzweck Dokumentationshilfe (Dokumentationsprototyp).

In Abbildung 3-3 sind zu den unterschiedlichen Einsatzzwecken der Prototypen jeweils verschiedene Beispiele für das Auftreten aufgelistet. Bei den Prototypenarten wurde der Kommunikationsprototyp nicht weiter berücksichtigt. Da es sich hier jedoch um den Zweck und nicht um die Art eines Prototyps handelt, ist ein Prototyp als Kommunikationshilfe denkbar. In den Einsatzzwecken *Analysehilfe*, *Evaluationshilfe* und *Lösungshilfe* spiegelt sich das Vorgehen zur Lösung von Problemen nach EHRLENSPIEL

[190] Vgl. Sachse, P. (Design thinking) (1999), S.°83.

UND MEHRKAMM[191] wider. Die Relevanz dieser Zwecke für die Produktentstehung wird dadurch bestätigt, dass die Problemlösung fundamentaler Bestandteil der Produktentstehung ist.

Kommunikationshilfe	Dokumentationshilfe	Analysehilfe	Evaluationshilfe	Lösungshilfe
• Erklärungsgrundlage • Argumentations-grundlage • Diskussionsgrundlage	• Identifikation von Informationen • Selektion von Informationen • Aufbewahrung von Informationen • Bereitstellung von Informationen	• Problemerkennung • Schwachstellen-untersuchung • Problemstrukturierung • Veranschaulichung von Aufgaben • Verständnis von Zusammenhängen • Fehlervermeidung	• Beurteilung von Anforderungen • Beurteilung von Funktionen • Bewertung von Produktionsvorgängen • Fehlerprüfung • Prozessprüfung • Beurteilung von finanziellen Aspekten	• Experimentelle Problemlösung • Komplexitätsreduktion • Transparenzerhöhung • Produktoptimierung • Prozessoptimierung

Abbildung 3-3: Prototypenzweck mit Beispielen

In Abbildung 3-4 sind verschiedene Einsatzszenarien für einen Prototypen aufgelistet.

...	Prototypeneinsatzszenarien	Quelle: Prototyp	Prototypenzweck	Prototypenart
...				
...	- Interessen und Anforderungen mittels Prototypen in direktem Kontakt mit dem Kunden abklären - Kundenkontakt mittels physischer Modelle erleichtern - Lastenheft mit physischen Produktabbildungen unterstützen	Brown (2008)[192]; Passera et al. (2012)[193]; Schrage (2000)[194]; Gomaa und Scott (1984)[195]; Liou (2007)[196]; Ulrich und Eppinger (2012)[197]	Kommunikationshilfe, Analysehilfe, (Speicherhilfe)	Formprototyp

Abbildung 3-4: Prototypeneinsatz als Ausschnitt des Feldes A2 (Marktanalyse: Marketing – Phase 2)

Neben dem Verweis auf die jeweilige Literatur sind für diese Szenarien sowohl der Prototypenzweck als auch die Prototypenart bestimmt worden. Weitere Einsatzszenarien für Prototypen innerhalb des gesamten Produktentstehungsprozesses basierend auf umfangreichen Recherchen sind im Anhang A.1 aufgeführt.

3.2 Analyse des Prototypeneinsatzes zur integrierten Produktentwicklung

In diesem Kapitel wird der Prototypeneinsatz dargestellt, wie er in der Literatur beschrieben wird. Als Strukturierungsrahmen wird der Entwicklungsprozess aus Abbildung 2-1 gewählt. Für jedes Feld werden den Prototypeneinsatzszenarien in den jeweiligen Quadranten die unterschiedlichen Möglichkeiten für den Prototypeneinsatz sowie der jeweilige Prototypenzweck und die Prototypenart zugeordnet. In Abbildung 3-5 ist das Ergebnis zur Konstruktion (Entwicklung – Phase 3) aufgeführt.

---

191 Vgl. Ehrlenspiel, K.; Meerkamm, H. (Integrierte Produktentwicklung) (2013), S. 104.

192 Vgl. Brown, T. (Design thinking) (2008).

193 Vgl. Passera, S.; Kärkkäinen, H.; Maila, R. (When, how, why prototyping? A practical framework for service development) (2012).

194 Vgl. Schrage, M. (Serious play) (2000).

195 Vgl. Gomaa, H.; Scott, D. (Prototyping as a tool in the specification of user requirements) (1984).

196 Vgl. Liou, F. (Rapid Prototyping and Engineering Applications) (2007).

197 Vgl. Ulrich, K.; Eppinger, S. (Product design and development) (2012).

Kriterien der Produktentwicklung	Quelle: Kriterien	Prototypeneinsatzszenarien	Quelle: Prototyp	Prototypenzweck	Prototypenart
Technische Konstruktion					
- Formstudien durchführen - Produktgestaltung (Design und Funktion) festlegen - Geometrie, Kinematik, Kräfte, Stoff, Signal definieren - Zusammenarbeit und Verbindung der Subsysteme abstimmen	Schäppi (2005); Cooper (2002); VDI 2221; Andreasen und Hein (1987), Ehrlenspiel und Meerkamm (2013, 2013), Vajna (2014); Gebhardt (2000)	- Prototyp zur Analyse der Produktgestaltung aus Vereinigung von Design und Funktionen - Prozessmodelle zur Abstimmung der Wechselwirkungen der Subsysteme und Komponenten des Produkts	Ulrich und Eppinger (2012); Bertsche et al (2007); Ambrose und Harris (2013); Seeger (2005); Green und Bonollo (2002)	Evaluationshilfe, Lösungshilfe	Formprototyp, Funktionsprototyp, Prozessprototype
Konstruktionstest					
- Machbarkeit der Gesamtfunktion des Produkts beweisen - Festigkeit sowie mechanische, chemische, thermische und elektrische Eigenschaften nachweisen - Integrierbarkeit des Produkts in System bestätigen - Qualitätsniveau prüfen - Produkt auf Umweltrisiko (Mensch und Natur) untersuchen - FMEA für Gesamtprodukt durchführen	Schäppi (2005); Cooper (2002); Andreasen und Hein (1987), VDA (2009), Geuer (1996); Ehrlenspiel und Meerkamm (2013); Gebhardt (2000)	- Zusammenspiel der Komponenten anhand von Produktmodell testen - Prototypen einsetzen, um Auswirkungen des Produkts auf das System und die Umwelt zu prüfen - Integrierbarkeit des Produkts mittels physischen Abbilds untersuchen - Produktmodell zum Durchführen einer FMEA nutzen	Andreasen und Hein (1987); Ulrich und Eppinger (2012); VDA (2009); Geuer (1996); Elverum und Welo (2014); Bertsche et al. (2007); Gebhardt (2000); Eversheim und Klocke (1998)	Analysehilfe	Formprototyp, Funktionsprototyp, Prozessprototype
Servicekonzept					
- Reparaturtiefe - Ersatzteile - Diagnosekonzepte	VDA (2009)	- Produktmodelle einsetzten, um Fehleranfälligkeit und -ausmaß und darauf aufbauendes Reparaturkonzept festzulegen - Ersatzteilnutzung anhand von Prototypen abstimmen - Diagnosemöglichkeiten an Produktmodellen abklären	Schürmann; Elverum und Welo (2014); Schyr et al. (2012)	Evaluationshilfe, Lösungshilfe	Prozessprototyp
Produktmodell					
- Übergreifendes Produktmuster erzeugen	Geuer (1996); Kohn (2014)	- Urmodell des Produkts zur abteilungsübergreifenden Auftragsfestlegung als Prototyp fertigen	Geuer (1996); Kohn (2014)	Speicherhilfe, Kommunikationshilfe	Formprototyp

Abbildung 3-5: Prototypeneinsatz in der Konstruktion (Entwicklung – Phase 3)[198]

In der ersten und zweiten Spalte sind die Kriterien der Produktentwicklung mit den entsprechenden Quellenangaben dargestellt. Um diese Kriterien durch geeignete Prototypen zu adressieren und letztlich zu optimieren, sind in der dritten und vierten Spalte geeignete Prototypeneinsatzszenarien aus der Literatur sowie deren zugehörige Quellen aufgelistet (vgl. Kapitel 3.1). In der fünften und sechsten Spalte werden schließlich die Art und der Zweck des verwendeten Prototyps zugeordnet (vgl. Kapitel 3.1).

In Abbildung 3-5 wird der Prototypeneinsatz im Feld *B3 Konstruktion* (Entwicklung – Phase 3) dargestellt, d.h. innerhalb der dritten Phase „Detaillierung" wird der Bereich Entwicklung betrachtet. Die Kriterien der Produktentwicklung untergliedern sich in die Kategorien *Technische Konstruktion, Konstruktionstest, Servicekonzept* und *Produktmodell*. In der technischen Konstruktion werden Prototypen eingesetzt, um beispielsweise die Kombination aus Design und Funktionen in einem Modell abzubilden und zu analysieren sowie zur Abstimmung der Wechselwirkungen der Komponenten eines Produkts. Dabei lassen sich die Prototypen im ersten Anwendungsfall als Formprototyp bei Designaspekten und als Funktionsprototyp, wenn die Funktion im Fokus steht, bezeichnen. Bei der Betrachtung der Wechselwirkungen der Subsysteme eines Produkts wird ein Prozessprototyp verwendet. In der Kategorie Konstruktionstests werden sämtliche Prototypenarten eingesetzt, welche in der Regel als Analysehilfe dienen. Je nach Zielrichtung des Tests bzw. der Analyse durch den Prototyp liegt die entsprechende Prototypenart nach Abbildung 3-2 vor. Ein klassisches Beispiel für einen Konstruktionstest ist der Festigkeitsnachweis für eine Komponente mit dem Zweck der Analysehilfe mit einem Funktionsprototyp (siehe hierzu das Fallbeispiel in Kapitel 5.3). Auch im Service sollten Prozessprototypen beispielweise

[198] Im Anhang A.1 ist das Ergebnis für jede Phase der integrierten Produktentwicklung aufgeführt.

zur Festlegung von Reparaturkonzepten eingesetzt werden und Formprototypen als abteilungsübergreifende Urmodelle zur Auftragsfestlegung (siehe Abbildung 3-5).

Im Feld *C3 Produktionsplanung* (Produktion – Phase°3) (siehe Anhang A.1) lassen sich die Kriterien der Produktentwicklung in die Kategorien *Fertigungsplanung*, *Montageplanung*, *Test des Produktionsplans*, *Produktionskontrollplanung* und *Transportplanung* unterscheiden. In der Produktionsplanung wird der Produktionsablauf mit spezifischen Methoden, Konzepten und Werkzeugen festgelegt. Ein Prototyp, dessen Art als Prozessprototyp zu klassifizieren ist, wird in dieser Phase der Produktion insbesondere zur Simulation der Fertigung und Montage außerhalb der realen Systeme eingesetzt und dient somit als Evaluations und Lösungshilfe. Prozessprototypen lassen sich jedoch auch als Analysehilfe in der Prüfung von Produktionsschritten und ggf. zur Identifikation von Integrationsschritten verwenden sowie zur Durchführung von Produktions-FMEAs und zum Testen von Transportkonzepten. Außerdem können Prozessprototypen als Evaluationshilfe gebraucht werden, um Prüfkonzepte zu testen und für behördliche Abnahmen, sofern keine Komponenten aus der späteren Klein- oder Serienproduktion vorgeschrieben sind.

Analog dazu sind im Anhang A.1 für die übrigen Felder die zugehörigen Tabellen aufgeführt, sodass sich eine Übersicht über den gesamten Prototypeneinsatz zur IPE über den Produktentwicklungsprozess aus ingenieurwissenschaftlicher Sicht ergibt. In den Tabellen werden sämtliche Einsatzpotenziale von Prototypen hinsichtlich spezifischer Fragestellungen im Produktentwicklungsprozess aufgeführt. Auf diese Weise werden die beschriebenen Prototypenarten (siehe Kapitel 3.1.1) sowie die Prototypenzwecke (siehe Kapitel 3.1.2) verifiziert. Durch die Verknüpfung der Kriterien der Produktentwicklung mit den Prototypeneinsatzszenarien sowie dem Prototypenzweck und der Prototypenart lassen sich phasen- und abteilungsübergreifende Potentiale für den Prototypeneinsatz identifizieren. Bei dem Vorliegen eines solchen Potenzials sollte der Einsatz prinzipiell erwogen werden.

Bei den detailliert ausgeführten Handlungsfeldern, Konstruktion und Produktionsplanung, zeigt sich, dass unterschiedlichste Anwendungsfelder für Prototypen vorliegen. Wenn ein Produkt genau definiert ist, sind in der Regel auch zulässige Toleranzen festgelegt. Dabei ergeben sich insbesondere bei Funktions- und Prozessprototypen oft hohe Genauigkeitsanforderungen, die bei bestimmten Attributen eines Prototyps wie Punkten oder Flächen zur Anforderungserfüllung eingehalten werden müssen.

3.3 Zwischenfazit

Prototypen mit verschiedenen Funktionen werden an diversen Stellen zu unterschiedlichen Zwecken in der Produktentwicklung eingesetzt. In diesem Kapitel wurde basierend auf der intergierten Produktentwicklung nach ANDREASEN und HEIN eine Systematik erarbeitet, welche detailliert darstellt, in welchen Phasen der Produktentwicklung und in welcher Abteilung verschiedene Prototypen eingesetzt werden. Für die einzelnen Phasen in den jeweiligen Abteilungen werden dazu anhand von Schlüsselaufgaben Kriterien ermittelt, denen dann wiederum Einsatzszenarien zugeordnet werden. Daran schließt sich die Verknüpfung mit verschiedenen Zwecken (Kommunikationshilfe, Dokumentationshilfe, Analysehilfe, Evaluationshilfe und Lösungshilfe) sowie Prototypenarten (Formprototyp, Funktionsprototyp und Prozessprototyp) und den Einsatzszenarien an. Bei den Funktions- und Prozessprototypen wird es insbesondere in den fortgeschrittenen Phasen der Produktentwicklung in der Regel bedeutsamer, dass hohe Anforderungen hinsichtlich der Fertigungsgenauigkeit auch erfüllt werden. Diese Prototypen lassen sich häufig mit additiven Fertigungsverfahren kostengünstig und schnell, unter anderem in Kleinserien herstellen. Bei den konventionellen Fertigungsverfahren wird von einer Kleinserie gesprochen, wenn die Wiederholungshäufigkeit (Anzahl der Fertigungslose einer Sachnummer pro Jahr) bei etwa 10 liegt und die produzierte Jahresstückzahl maximal 1000 Einheiten beträgt, wobei die Grenze zur Einzelfertigung fließend verläuft[199]. Es bleibt die Frage, ob die additiv gefertigten Produkte den Genauigkeitsanforderungen entsprechen.

Da die Prozessstabilität additiver Verfahren im Vergleich zu konventionellen Fertigungsverfahren häufig geringer ist, sollte insbesondere bei Kleinserien der Überwachung der Fertigungstoleranzen eine besondere Bedeutung zugeschrieben werden. Um insgesamt eine wirtschaftliche Herstellung der Prototypen mit den hohen Genauigkeitsanforderungen zu gewährleisten, müssen insbesondere die Qualitätskosten detailliert analysiert werden.

Damit wurde das in Kapitel 2.6 beschriebene Forschungsdefizit (Fb 1) behoben und die 1. Forschungsfrage beantwortet. Im weiteren Verlauf der Arbeit wird insbesondere der Prozessprototyp aus Kunststoff betrachtet, da er hohe Anforderungen an die Genauigkeit u.a. der geometrischen Abmessungen stellt und oft in Kleinserien hergestellt wird. Wie in Abbildung 3-2 beschrieben, kann er beispielsweise als Referenzmodell zur Analyse von Montageprozessen eingesetzt werden.

[199] Vgl. Eversheim, W. (Organisation in der Produktionstechnik Band 4) (1989), S. 11.

4 Entwurf der Methodik zur Bestimmung der Qualitätskosten

In diesem Kapitel werden die Methodik und das integrierte Kostenmodell entwickelt. Dazu werden zunächst die Anforderungen an das Kostenmodell in Kapitel 4.1 beschrieben. Daran schließt sich die Konzeptionierung in Kapitel 4.2 und die detaillierte Ausarbeitung der Methodik in den nachfolgenden Unterkapiteln an, welche eine differenzierte Betrachtung der unterschiedlichen Kostenarten beinhalten.

4.1 Anforderungen an die Methodik

In den Kapiteln 4.1.1 und 4.1.2 werden inhaltliche und formale Anforderungen an das Modell zur Bestimmung der Qualitätskosten aufgelistet.

4.1.1 Inhaltliche Anforderungen

Ein großer Teil (Fb 2 bis Fb 4) des in Kapitel 2.6 formulierten Forschungsbedarfs bildet gleichzeitig die zentralen inhaltlichen Anforderungen an die zu entwickelnde Methodik. Der Forschungsbedarf 1 (Fb 1) wurde bereits in Kapitel 3 adressiert. Daher werden die relevanten Teilaspekte nachfolgend erneut aufgelistet:

Fb 2 Es ist eine Methodik zu erarbeiten, die das Vorgehen von der Identifikation des Prüfmerkmals über die Auswahl des Prüfmittels bis zur detaillierten Erhebung der Qualitätskosten detailliert abbildet.

Fb 3 Es ist ein Modell zur Berechnung der Qualitätskosten für additiv gefertigte Bauteile zu entwickeln, welches die Kalkulation der Herstellkosten beinhaltet und berücksichtigt, dass viele Kostenaspekte starken produkt- und unternehmensspezifischen Einflüssen unterliegen

Fb 4 Relevante Unsicherheiten bei den geometrischen Abmessungen der additiv gefertigten Bauteile sind in die Berechnung der Qualitätskosten einzubeziehen, sodass unter anderem eine Integration der α- und β-Fehler erfolgt.

Damit wurde der relevante Forschungsbedarf aus Kapitel 2.6 in Form verschiedener inhaltlicher Anforderung an das Kostenmodell berücksichtigt.

4.1.2 Formale Anforderungen

Nachfolgend werden diese Anforderungen um einige formale Anforderungen nach PATZAK ergänzt[200], damit die Methodik und das integrierte Kostenmodell eine hohe Akzeptanz beim Anwender finden:

- Empirische Richtigkeit (realitätsnah): Das Modell sollte sich möglichst so verhalten, wie das beschriebene Phänomen in der Realität.

[200] Vgl. Patzak, G. (Systemtechnik - Planung komplexer innovativer Systeme) (1982), S. 309f.

- Formale Richtigkeit (exakt): Das Modell sollte keine Widersprüche enthalten und formal keine Fehler aufweisen. Es sollten quantitative Ergebnisse angestrebt werden, welche sich nachprüfen lassen und wiederholbar sind.
- Produktivität (zweckbezogen): Die Methodik und das Modell sollten einen vorgegebenen Zweck erfüllen und hinsichtlich der Form und des Inhalts geeignete Antworten bereitstellen.
- Praktikabilität (nutzerfreundlich): Die Methodik und das Modell sollten nutzerfreundlich sein, d.h. sich leicht handhaben lassen und leicht zu deutende Ergebnisse liefern.
- Effizienz (aufwandsarm): Mit der Erstellung und der Anwendung der Methodik sollte ein möglichst geringer Aufwand verbunden sein.

Auf der Basis der aufgelisteten Anforderungen wird die Methodik nachfolgend konzipiert und ausdetailliert.

4.2 Konzeptionierung der Methodik

In diesem Kapitel wird ausgehend von Fb 2 aus Kapitel 4.1 eine Methodik zur Berechnung der Qualitätskosten für Merkmale additiv gefertigter Bauteile aus Kunststoff hergeleitet.

Es gibt mit dem IDENT Verfahren[201] bereits ein am Fraunhofer IPT entwickeltes Verfahren, das in acht Schritten sehr detailliert zu einem Messkonzept führt. Da die hier zu entwickelnde Methodik jedoch zur Erarbeitung eines Messkonzepts für eine begrenzte Anzahl an Prototypen dienen soll, ist die Komplexität und der Aufwand möglichst gering zu halten.

Wie in Abbildung 4-1 dargestellt, lässt sich die Methodik in drei Phasen unterteilen. In der ersten Phase werden die Prüfmerkmale identifiziert. Für diese Merkmale werden in Phase 2 geeignete Prüfmittel ausgewählt. In der dritten Phase wird dann die Wirtschaftlichkeit der Prüfungen untersucht.

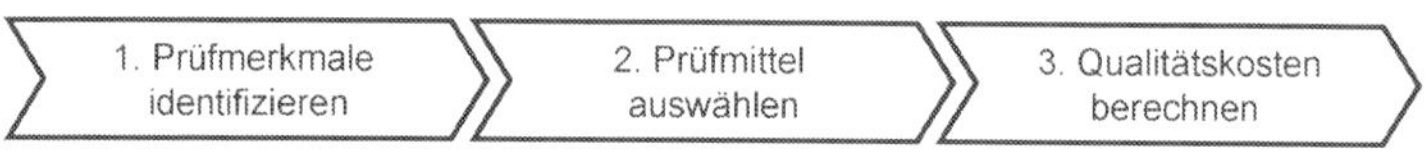

Abbildung 4-1: Grobkonzept der Methodik

Insgesamt setzt sich das Vorgehen aus sieben Schritten in drei Phasen zusammen. Nachfolgend wird das Vorgehen in den Phasen weiter ausdifferenziert und detailliert beschrieben.

4.3 Phase 1: Prüfmerkmale identifizieren

In der ersten Phase werden die Prüfmerkmale zunächst abgeleitet und anschließend priorisiert.

[201] Vgl. Krappig, R.; Schmitt, R. (Systematisch zum Ziel) (2015), S. 48f.

4.3.1 Schritt 1.1: Prüfmerkmale ableiten

Zu Beginn müssen die kritischen Prüfmerkmale abgeleitet werden. Wie in Kapitel 2.4.4 beschrieben, gibt es unterschiedliche Quellen zur Ableitung der kritischen Merkmale eines Bauteils wie beispielsweise die FMEA oder die Erhebung gemäß dem VDA-Band „Besondere Merkmale“[202].

Eine FMEA enthält eine übersichtliche Auflistung möglicher Fehler inklusive der zugehörigen Bewertung, wie in Abbildung 4-2 dargestellt. Diese Bewertung kann zur Priorisierung der Prüfmerkmale herangezogen werden. Allerdings müssen in der Regel zunächst die Prüfmerkmale identifiziert werden, welche einen Einfluss auf die möglichen Fehlerursachen besitzen. Diese Merkmale gehen in der Regel nicht direkt aus der FMEA hervor.

	Fehler-Möglichkeits- und Einfluß-Analyse [X] Produkt-FMEA [ ] Prozess-FMEA		FMEA-Nr.: Seite
Typ/Model/Fertigung/Charge: System Struktur E-Gas	Sach-Nr.: 12-456 Änderungsstand: 1	Verantw.: Meier Firma: Transpa-Rent	Abt.: Datum: 01.04
System-Nr./Systemelement: E-Gas-System Pedalweggeber (PWG)	Sach-Nr.: 345-6789 Änderungsstand: 1	Verantw.: Müller Firma: Transpa-Rent	Abt.: Datum: 01.06

Funktion/Aufgabe: Fahrerwunsch ermitteln und an Motorsteuerung übertragen

Mögliche Fehlerfolgen	B	Möglicher Fehler	K	Mögliche Fehlerursachen	Vermeidungsmaßnahmen	A	Entdeckungsmaßnahmen	E	RPZ	V/T
E-Gas-System Motorleistung entspricht nicht Fahrerwunsch	10	Pedalweggeber (PWG) Zu hohen Wert bezüglich Fahrerwunsch übertragen		Pedal Pedalwertgeber 1 und 2 im Verhältnis zur Verstellung zu weit betätigt	Maßnahmenstand - Entwicklung: 01.04					
					Auslegung nach kinematischer Berechnung Meier, KW 22 abgeschlossen	1	Simulation des Kraftverlaufs unter Belastung im CAD Müller, KW 22 abgeschlossen	2	20	
					Pedalgehäuse im Kraftfluss zwischen Sensoren und Pedal mittels Rippen verstärkt Meier, KW 25 abgeschlossen		Komponentendauerläufe Müller, KW 22 abgeschlossen			
					Maßnahmenstand - Entwicklung: 02.05					
					... Schmidt, KW 22 abgeschlossen	1	Fahrzeugdauerläufe Schmidt	(1)	(10)	Schmidt, KW 37 nicht umgesetzt

B = Bewertungszahl für die Bedeutung; A = Bewertungszahl für die Auftretenswahrscheinlichkeit; E = Bewertungszahl für die Entdeckungswahrscheinlichkeit
RPZ = Risikoprioritätszahl; V = Verantwortlichkeit; T = Termin für die Erledigung

Abbildung 4-2: Auszug aus einer Produkt-FMEA[203]

In dieser Arbeit wird die FMEA als Basis für die Identifikation der kritischen Merkmale verwendet. Da die FMEA für viele technische Systeme verpflichtend ist und bereits eine Bewertung der kritischen Merkmale enthält, wird hier auf die FMEA als Grundlage für das weitere Vorgehen gewählt. Darüber hinaus können jedoch auch andere Methoden geeignete Hinweise auf kritische Merkmale geben, wie beispielsweise der Prozess „Besondere Merkmale“ gemäß VDA (siehe Kapitel 2.4.4.2) oder die Fehlerbaumanalyse[204]. Diese müssten dann jedoch zunächst bewertet werden, um sie in der Risikomatrix lokalisieren zu können, wie in Schritt 2.1 beschrieben. Damit sind die kritischen Merkmale identifiziert.

4.3.2 Schritt 1.2: Prüfmerkmale priorisieren

Es können nicht immer sämtliche Merkmale geprüft werden. Teilweise müssen auch Abstriche bei der Prüfintensität gemacht werden. Daher sollte bereits zu einem frühen Zeitpunkt eine Priorisierung der Merkmale vorgenommen werden, um die Prüfungen an den zentralen kritischen Merkmalen ausrichten zu können.

---

[202] Vgl. Verband der Automobilindustrie e.V. (Prozessbeschreibung Besondere Merkmale (BM)) (2011).

[203] Vgl. ebenda (Sicherung der Qualität in der Prozesslandschaft - Produkt- und Prozess-FMEA) (2012), S. 104.

[204] Vgl. Schmitt, R.; Pfeifer, T. (Qualitätsmanagement) (2015), S. 566ff.

Sofern die identifizierten Merkmale im Falle großer Abweichungen Fehler verursachen, lassen sich diese mit Hilfe der FMEA bewerten (siehe auch Kapitel 2.4.4.1). Die FMEA eignet sich somit auch für die Priorisierung der Prüfmerkmale. Gemäß VDA werden in der FMEA genannte Fehler mit Hilfe einer sogenannten Risikomatrix beurteilt[205]. Aus der tabellarischen Verknüpfung der Einzelbewertungen „Bedeutung der Fehlerfolge (B)“ und „Auftretenswahrscheinlichkeit der Fehlerursache (A)“ ergibt sich diese Risikomatrix. Dabei sind die enthaltenen Grenzwerte für die Ampelfarben unternehmens- oder projektspezifisch.[206]

Um eine geeignete quantitative Priorisierung vornehmen zu können, wird die sogenannte Prüfnotwendigkeit PN als Priorisierungskennzahl eingeführt. Diese Prüfnotwendigkeit PN ergibt sich aus dem Produkt der „Bedeutung der Fehlerfolge (B)“ und der „Auftretenswahrscheinlichkeit der Fehlerursache (A)“:

$$PN = B \cdot A \qquad \text{Gl. 4-1}$$

Da diese Priorisierungskennzahl jedoch gegebenenfalls nicht mit der Einteilung der Risikomatrix in den grünen, gelben und roten Bereich vereinbar ist, muss die Kennzahl adaptiert werden.

In Abbildung 4-3: ist ein Beispiel aufgeführt, welches eine Adaption erfordert. Denn die Priorisierungskennzahl PN nimmt im grünen Bereich Werte von 1 bis 10, im gelben Bereich Werte von 5 bis 24 und im roten Bereich Werte von 12 bis 100 an.

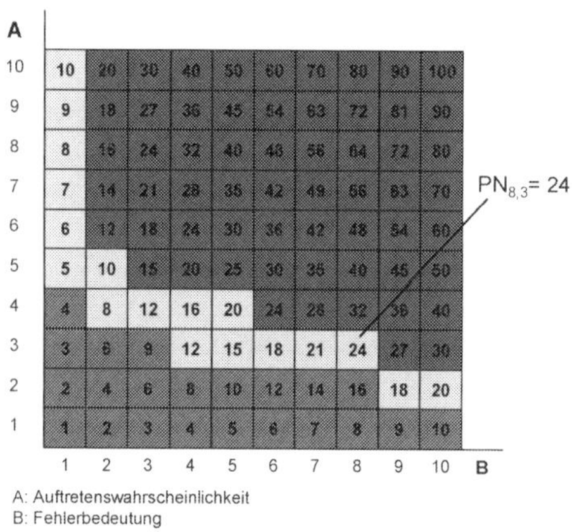

Abbildung 4-3: Risikomatrix mit eingetragener Prüfnotwendigkeit PN[207]

[205] Vgl. Verband der Automobilindustrie e.V. (Sicherung der Qualität in der Prozesslandschaft - Produkt- und Prozess-FMEA) (2012), S.°64f.

[206] Vgl. ebenda (Sicherung der Qualität in der Prozesslandschaft - Produkt- und Prozess-FMEA) (2012), S. 65f.

[207] Vgl. ebenda (Sicherung der Qualität in der Prozesslandschaft - Produkt- und Prozess-FMEA) (2012), S. 65.

Damit wird ersichtlich, dass eine erhebliche Überlappung der jeweiligen Bereiche bei der Prüfnotwendigkeit PN vorhanden ist. Diese Überlappung kann variieren. Denn die Grenzwerte der jeweiligen Ampelfarbe sind unternehmens- bzw. produktabhängig[208].

Da die neu eingeführte Kennzahl Prüfnotwenigkeit als Priorisierungshilfe dienen soll, muss auch bei der Priorisierung der Hauptfokus auf der Ampelfarbe in der Risikomatrix liegen.

Um dieser Vorgabe gerecht zu werden, wird über einen Gewichtungsfaktor eine Ausrichtung der Prüfnotwendigkeit an den „Ampelbereichen" (grün, gelb, rot) vorgenommen. Dies hat zur Folge, dass die „Ampelbereiche" lückenlos aneinander anschließen und nicht mehr „überlappen", wie in Abbildung 4-4 dargestellt.

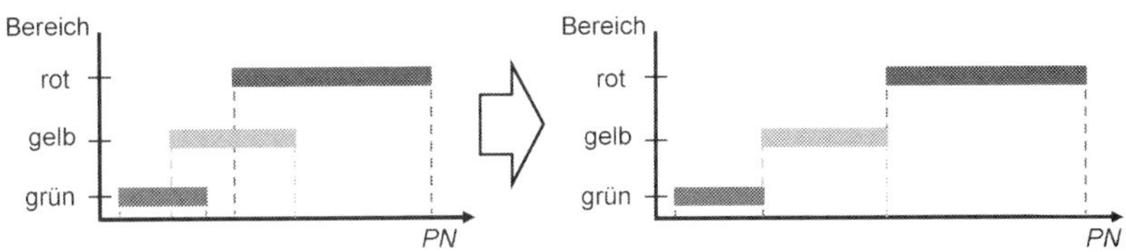

Abbildung 4-4: Skizzierter Effekt des Gewichtungsfaktors

Wie aus Abbildung 4-4 deutlich wird, müssen also der größte Wert des grünen Bereichs und der kleinste Wert des gelben Bereichs übereinstimmen. Analog dazu gilt dies auch für den gelben und den roten Bereich.

Damit ergeben sich die folgenden Gleichungen:

$$min|PN_{g\_gelb}| = max|PN_{grün}| \quad \text{Gl. 4-2}$$

$$min|PN_{g\_rot}| = max|PN_{g\_gelb}| \quad \text{Gl. 4-3}$$

$PN_{grün}$: Prüfnotwendigkeit des grünen Bereichs

PN_{g_gelb}: gewichtete Prüfnotwendigkeit des gelben Bereichs

PN_{g_rot}: gewichtete Prüfnotwendigkeit des roten Bereichs

In den Gl. 4-4 und Gl. 4-5 werden außerdem die Gewichtungsfaktoren g_{gelb} und g_{rot} eingeführt, um eine Verschiebung des gelben und des roten Bereichs zu realisieren.

$$PN_{g\_gelb} = g_{gelb} \cdot PN_{gelb} \quad \text{Gl. 4-4}$$

$$PN_{g\_rot} = g_{rot} \cdot PN_{rot} \quad \text{Gl. 4-5}$$

[208] Vgl. ebenda (Sicherung der Qualität in der Prozesslandschaft - Produkt- und Prozess-FMEA) (2012), S. 65.

Da die Gewichtungsfaktoren g_{gelb} und g_{rot} in diesem Beispiel konstant sind, ergeben sich durch Einsetzten von Gl. 4-4 in Gl. 4-2 und von Gl. 4-5 in Gl. 4-3 folgende Gleichungen:

$$g_{gelb} \cdot min|PN_{gelb}| = max|PN_{grün}| \qquad \text{Gl. 4-6}$$

$$g_{rot} \cdot min|PN_{rot}| = max|PN_{g\_gelb}| \qquad \text{Gl. 4-7}$$

Damit ergibt sich für die Gewichtungsfaktoren:

$$g_{gelb} = \frac{max|PN_{grün}|}{min|PN_{gelb}|} \qquad \text{Gl. 4-8}$$

$$g_{rot} = \frac{max|PN_{g\_gelb}|}{min|PN_{rot}|} = \frac{g_{gelb} \cdot max|PN_{gelb}|}{min|PN_{rot}|} \qquad \text{Gl. 4-9}$$

Durch Einsetzen von Gl. 4-8 in Gl. 4-9 ergibt sich dann:

$$g_{rot} = \frac{max|PN_{grün}|}{min|PN_{gelb}|} \cdot \frac{max|PN_{gelb}|}{min|PN_{rot}|} \qquad \text{Gl. 4-10}$$

Für die Risikomatrix aus Abbildung 4-3 ergeben sich somit beispielsweise die folgenden Gewichtungsfaktoren:

$$g_{gelb} = \frac{max|PN_{grün}|}{min|PN_{gelb}|} = \frac{16}{5} = 3{,}2 \qquad \text{Gl. 4-11}$$

$$g_{rot} = \frac{max|PN_{grün}|}{min|PN_{gelb}|} \cdot \frac{max|PN_{gelb}|}{min|PN_{rot}|} = \frac{16}{5} \cdot \frac{24}{12} = 6{,}4 \qquad \text{Gl. 4-12}$$

Bei Berücksichtigung der Gewichtungsfaktoren ist es nun möglich, über die gewichtete Prüfnotwendigkeit *PN* eine Priorisierung der einzelnen Fehler vorzunehmen. Aus den Fehlern müssen dann die zugehörigen Prüfmerkmale hergeleitet werden.

4.4 Phase 2: Prüfmittel auswählen

In der zweiten Phase werden die zu untersuchenden Prüfmittel zunächst eingegrenzt. Danach wird basierend auf einer ersten Eignungsabschätzung eine Vorauswahl potenzieller Prüfmittel getroffen.

4.4.1 Schritt 2.1: Zu untersuchende Prüfmittel eingrenzen

Bei einer ersten Eingrenzung der Prüfmittel ist die Erfahrung des Prüfpersonals besonders bedeutsam, da so bei einer großen Anzahl zur Verfügung stehender Prüfmittel der Aufwand des gesamten Vorgehens durch eine erste Vorauswahl erheblich reduziert werden kann. Es ist jedoch gewissenhaft vorzugehen, da Prüfmittel, bei denen nur geringe Zweifel an der Eignung bestehen, in die weitere Untersuchung einbezogen werden sollten.

Bei der Auswahl sind die in Abbildung 4-5 umfangreich dargestellten Faktoren Aufgabenstellung, Randbedingungen, Vorgaben, Organisation und Kosten zu berücksichtigen.

Abbildung 4-5: Faktoren der Prüfmittelauswahl[209]

Diese Faktoren lassen sich in technische/technologische, organisatorische und wirtschaftliche Kriterien untergliedern[210]. Unter dem Kriterium technische/ technologische Prüfmittelauswahl werden die Prüfart (qualitativ, quantitativ), das Prüfprinzip (physikalisch, geometrisch, ...), die Prüfgröße (Position, Form, Länge, ...), der Messbereich (m, cm, ...) sowie die Messauflösung und die Messunsicherheit (mm, µm, ...) verstanden. Bei der Messunsicherheit ist die „Goldene Regel der Messtechnik" zu beachten. Diese Regel besagt, dass bei Messungen die Messunsicherheit U höchstens ein Zehntel der Funktionstoleranz des geprüften Merkmals T betragen darf, wenn die Messunsicherheit gegenüber der Toleranz des Fertigungsprozesses vernachlässigbar sein soll.[211] Damit ergibt sich:

$$\frac{U}{T} \leq 0{,}1 \qquad \text{Gl. 4-13}$$

Da diese Regel für kleine Toleranzbereiche (kleiner 5 µm) kaum eingehalten werden kann, wird hier ein Quotient $\frac{U}{T} \leq 0{,}2$ empfohlen.[212] Diese Vorgabe wird in Schritt 2.2 wieder aufgegriffen. Dort gilt $\frac{U}{T} \leq 0{,}075$ als eine Eignungsbedingung für das Messsystem (siehe auch Gl. 4-15) und $\frac{U}{T} \leq 0{,}15$ für den gesamten Messprozess, wie es im VDA-Band 5 empfohlen wird.[213]

[209] Vgl. Pfeifer, T.; Schmitt, R. (Masing Handbuch Qualitätsmanagement) (2014), S. 531.

[210] Vgl. Klonaris, P. (Systemkonzept zur frühzeitigen Einsatzplanung von Prüfmitteln) (1998), S. 54ff; vgl. Stenkamp, A. (Automatisierte Prüfmittelauswahl in einer CAD-basierten Prozesskette der Prüfplanung) (2008), S. 46f.

[211] Vgl. Linß, G. (Qualitätsmanagement für Ingenieure) (2011), S. 238ff.

[212] Vgl. ebenda (Qualitätsmanagement für Ingenieure) (2011), S. 241.

[213] Vgl. Verband der Automobilindustrie e.V. (Prüfprozesseignung) (2011), S. 42.

Bei den organisatorischen Kriterien liegt der Fokus auf der Verfügbarkeit des Prüfmittels und der Qualifikation der Prüfer sowie den räumlichen Bedingungen (Platzbedarf, Temperatur, Luftfeuchte, ...). Diese Kriterien sind sehr stark von der individuellen Situation des jeweiligen Unternehmens abhängig.

Bei den wirtschaftlichen Kriterien stehen die Kosten im Fokus, welche sich aus dem Prüfmitteleinsatz ergeben. Dabei sind auch die Kosten durch α- und β- Fehler zu berücksichtigen. In der dritten Phase der Methodik „Qualitätskosten berechnen" werden diese Berechnungsansätze wieder aufgenommen.

4.4.2 Schritt 2.2: Prüfmitteleignung untersuchen

In diesem Schritt wird die Eignung der potenziellen Prüfmittel untersucht. Bei Messungen zur Überwachung der Fertigung sollte die Eignung des Messprozesses geprüft werden. In der Automobilindustrie werden dafür neben unternehmensspezifischen – in der Regel etwas vereinfachten – Verfahren[214] insbesondere die Measurement System Analysis (MSA) oder das Verfahren nach VDA-Band 5 eingesetzt[215].

Da es sich hier hingegen um eine Messaufgabe in der Entwicklungs- bzw. Versuchsabteilung mit zur Verfügung stehenden Standardmessmitteln handelt, bei denen der Grenzwert der Messabweichung (MPE) bekannt ist, ist es möglich eine erste Abschätzung der Eignung der Standardprüfmittel anhand der minimal möglichen Toleranz vorzunehmen.

Ein erster Eignungsnachweis des Messmittels wird anhand von zwei Bedingungen vorgenommen. Die erste Bedingung besagt, dass die Auflösung eines Messmittels AL, d.h. die kleinstmögliche Schrittweite, höchstens 5% der Toleranz (genauer: der Toleranzfeldbreite) TOL betragen darf[216]. Damit ergibt sich die Gleichung für die erste Bedingung:

$$\frac{AL}{TOL} \leq 0{,}05 \qquad \text{Gl. 4-14}$$

Wenn ein Prüfmittel diese erste Bedingung nicht erfüllt ist, ist es für die Messaufgabe nicht geeignet und wird daher nicht weiter berücksichtigt[217].

Wenn die erste Bedingung erfüllt ist, wird als Zweites die Unsicherheit des Prüfmittels unter Laborbedingungen betrachtet. Diese Unsicherheit setzt sich aus der Kalibrierunsicherheit des verwendeten Normals, der Wiederholbarkeit und der systematischen Messabweichung zusammen[218]. Die Kalibrierunsicherheit folgt aus dem Kalibierzertifikat der Maßverkörperung. Eine Bestimmung der Wiederholbarkeit kann im Experiment über Wiederholmessungen erfolgen, wobei die Messung in der Regel 25-mal

[214] Vgl. Linß, G. (Qualitätsmanagement für Ingenieure) (2011), S. 435ff; vgl. Robert Bosch GmbH (Fähigkeit von Mess- und Prüfprozessen) (2019), S. 8ff.

[215] Vgl. Verband der Automobilindustrie e.V. (Sicherung der Qualität in der Prozesslandschaft - Produkt- und Prozess-FMEA) (2012); vgl. Linß, G. (Qualitätsmanagement für Ingenieure) (2011), S. 421ff; vgl. Dietrich,°E. (Wo liegen die Unterschiede? - Vergleich von MSA und VDA Band 5) (2011); vgl. Neukirch,°C.; Dietrich, E. (Messsystem und Messprozess sind zweierlei - Überarbeiteter VDA Band 5 - Prüfprozesseignung) (2011).

[216] Vgl. Verband der Automobilindustrie e.V. (Prüfprozesseignung) (2011), S. 53.

[217] Vgl. ebenda (Prüfprozesseignung) (2011), S. 50.

[218] Vgl. ebenda (Prüfprozesseignung) (2011), S. 54.

wiederholt wird, und die systematische Abweichung ergibt sich aus der Analyse von Wiederholmessungen von drei über den gesamten Toleranzbereich verteilten Normalen.

Da es sich bei den betrachten Prüfmitteln um Standardmessmittel handeln soll, kann eine erste Abschätzung der Eignung des Prüfmittels über die minimal mögliche Toleranz erfolgen[219]. Es gilt für die minimale Toleranz TOL_{Min_UMS}, bei der das Messsystem gerade noch geeignet ist:

$$TOL_{Min\_UMS} = \frac{2 \cdot U_{MS}}{Q_{MS\_max}} \qquad \text{Gl. 4-15}$$

U_{MS}: Erweiterte Unsicherheit des Messsystems

Q_{MS_max}: Maximaler Eignungskennwert des Messsystems

Für den Eignungskennwert des Messsystems wird als maximaler Grenzwert $Q_{MS\_max} = 0{,}15$ empfohlen. Dieser Grenzwert ist als Richtwert zu verstehen, der individuell zwischen Kunde und Lieferant vereinbart werden kann.[220] Das Messystem lässt sich damit bis zur minimalen Toleranz TOL_{Min_UMS} einsetzen.

Es ergibt sich als zweite Bedingung für die Toleranzfeldbreite des Messsystems Gl. 4-16 und nach Einsetzen von Gl. 4-15 schließlich Gl. 4-17:

$$TOL \geq TOL_{Min\_UMS} \qquad \text{Gl. 4-16}$$

$$TOL \geq \frac{2 \cdot U_{MS}}{Q_{MS\_max}} \qquad \text{Gl. 4-17}$$

Wenn sich die Größenordnung der Toleranz TOL und der minimalen Toleranz TOL_{Min_UMS} größenordnungsmäßig nicht unterscheiden, ist eine Analyse der Standardunsicherheit des Messprozesses nicht mehr erforderlich. Denn der Grenzwert des Eignungskennwertes des Messprozesses Q_{MP_max} würde in diesem Fall überschritten werden, sofern der Einfluss des Messprozesses auf die Standardunsicherheit nicht vernachlässigt werden kann.[221]

Für die erweiterte Unsicherheit des Messsystems U_{MS} gilt:[222]

$$U_{MS} = k \cdot u_{MS} \qquad \text{Gl. 4-18}$$

k: Erweiterungsfaktor

u_{MS}: Standardunsicherheit des Messsystems

---

[219] Vgl. ebenda (Prüfprozesseignung) (2011), S. 44.

[220] Vgl. ebenda (Prüfprozesseignung) (2011), S. 42f.

[221] Vgl. ebenda (Prüfprozesseignung) (2011), S. 44.

[222] Vgl. ISO 14253-2:2011 (E) (Geometrical product specifications (GPS) - Inspection by measurement of workpieces and measuring equipment) (2011), S. 22.

Durch die erweiterte Messunsicherheit wird ein Bereich um das Messergebnis angegeben, in dem ein großer Anteil der Messwerte erwartet wird. Aus dem Erweiterungsfaktor k und der Verteilungsform resultiert der Vertrauensbereich. Unter der Annahme der Normalverteilung der Messwerte ergibt sich bei $k = 2$ ein Vertrauensbereich in Höhe von etwa 95%.[223] Bei der Wahl des Erweiterungsfaktors $k = 3$ wird ein Vertrauensbereich von 99,73% erreicht[224]. Der VDA rät zur Verwendung des Erweiterungsfaktors $k = 2$[225].

Bei Standardprüfmitteln ist die Fehlergrenze, d.h. der maximum permissible error MPE, in der Regel bekannt. Aus dieser Fehlergrenze lässt sich die Messunsicherheit des Prüfmittels berechnen:[226]

$$u_{MS} = \frac{MPE}{\sqrt{3}} \qquad \text{Gl. 4-19}$$

MPE: Maximum Permissible Error

Q_{MS_max}: Maximal zulässiger Eignungskennwert des Messsystems

Durch das Einsetzen der Gl. 4-19 und Gl. 4-18 in Gl. 4-17 ergibt sich:

$$TOL \geq \frac{2}{\sqrt{3}} \cdot \frac{k}{Q_{MS\_max}} \cdot MPE \qquad \text{Gl. 4-20}$$

Mit den genannten Vorgabewerten ergibt sich die zweite Bedingung:

$$TOL \geq \frac{2}{\sqrt{3}} \cdot \frac{2}{0{,}15} \cdot MPE = \frac{80}{3 \cdot \sqrt{3}} \cdot MPE \approx 15{,}4 \cdot MPE \qquad \text{Gl. 4-21}$$

Diese zweite Bedingung für den Eignungsnachweises eines Standardprüfmittels beruht auf der minimal zulässigen Toleranz und setzt die Kenntnis des maximum permissible error MPE voraus. Diese Bedingung gilt nur unter Laborbedingungen für eine Vorauswahl des Messmittels, da auf einen experimentellen Nachweis der Eigung verzichtet wird. Wie in Kapitel 2.4.1 beschrieben, muss vor dem tatsächlichen Einsatz des Prüfmittels unter realen Bedingungen in jedem Fall der Fähigkeitsnachweis nach MSA oder VDA-Band 5 für den gesamten Messprozess erbracht werden. Voraussetzung für den finalen Nachweis der Prüfprozesseignung ist dabei eine Analyse des Messprozesses entlang der prozessbestimmenden Faktoren[227] Mensch, Maschine, Material, Methode und Umwelt. Dieser Nachweis der Prüfprozesseignung ist jedoch nicht Bestandteil der Arbeit.

Im Rahmen der Vorauswahl des Prüfmittels ist der Gültigkeitsnachweis anhand der ersten und der zweiten Bedingung für alle betrachteten Standardprüfmittel zu erbringen.

---

[223] Vgl. Pfeifer, T.; Schmitt, R. (Fertigungsmesstechnik) (2010), S. 65.

[224] Vgl. Keferstein, C.; Marxer, M.; Bach, C. (Fertigungsmesstechnik) (2018), S. 47.

[225] Vgl. Verband der Automobilindustrie e.V. (Prüfprozesseignung) (2011), S. 39.

[226] Vgl. ebenda (Prüfprozesseignung) (2011), S. 43.

[227] Vgl. Pfeifer, T.; Schmitt, R. (Fertigungsmesstechnik) (2010), S. 436.

Das Ergebnis der Vorauswahl wird in Form einer Eignungsmatrix E_{ij} dokumentiert, um die Übersichtlichkeit sicherzustellen.

Es wird definiert, dass in den Zeilen der Matrix E_{ij} die zu untersuchenden Merkmale i stehen und in den Spalten die für die Messungen zur Verfügung stehenden Standardprüfmittel j.

Wenn sich ein bestimmtes Prüfmittel i für die Messung eines vorgegebenen Merkmals j basierend auf den beschriebenen zwei Bedingungen als geeignet erweist, wird dies durch den Wert $x_{ij} = 1$ in der Matrix kenntlich gemacht, wie in Abbildung 4-6 dargestellt.

$$\begin{array}{cc} & \text{Standardprüfmittel } j \\ & \begin{array}{ccc} \mathbf{1} & \mathbf{2} & \mathbf{3} \end{array} \\ \text{Prüfmerkmal } i \begin{array}{c} \mathbf{1} \\ \mathbf{2} \\ \mathbf{3} \\ \mathbf{4} \\ \mathbf{5} \end{array} & \begin{pmatrix} 1 & 0 & 1 \\ 0 & 1 & 0 \\ 1 & 1 & 0 \\ 1 & 1 & 1 \\ 0 & 1 & 0 \end{pmatrix} = E_{ij} \end{array}$$

Abbildung 4-6: Beispiel einer Eignungsmatrix

Mit der Eignungsmatrix liegt eine übersichtliche Darstellung darüber, welches Prüfmerkmal mit welchem Messmittel unter Laborbedingungen gemessen werden könnte vor. Damit ist die Phase „Prüfmittel auswählen“ abgeschlossen.

4.5 Phase 3: Qualitätskosten berechnen

In der dritten Phase werden für die Kombination aus Prüfmerkmal und Prüfmittel die Qualitätskosten berechnet basierend auf einem Kostenmodell. In Kapitel 2.5 wurden unterschiedliche Kostenmodelle vorgestellt. Das in dieser Arbeit zu entwickelnde Kostenmodell orientiert sich bei der Strukturierung und Auswahl der Kostenarten am Kostenmodell des Verbands der Automobilindustrie (VDA), da andere Ansätze zur Strukturierung qualitätsbezogener Kosten in den etablierten Kostenrechnungssystemen laut VDA kaum angewendet werden. Wie in Abbildung 4-7 dargestellt, sind die Qualitätskosten in Fehler- und Fehlerverhütungskosten unterteilt. Die Fehlerkosten werden in die Kosten für Ausschuss und Nacharbeit sowie die Gewährleistungs- und Kulanzkosten unterteilt. Diese Aufteilung ist insbesondere in der Automobilindustrie sehr verbreitet und bildet in der Regel die Basis für die Fehlerkostenerfassung und das Reporting anhand von definierten Kennzahlen (KPI).[228]

[228] Vgl. Verband der Automobilindustrie e.V. (Qualitätsbezogene Kosten) (2015), S. 8.

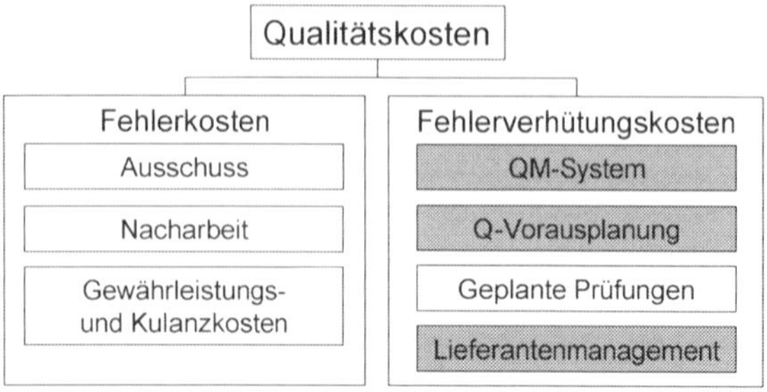

Abbildung 4-7: Gewählte Aufteilung der Qualitätskosten

Die Fehlerverhütungskosten setzen sich aus den Kosten für das QM-System, die Qualitätsvorausplanung, die geplanten Prüfungen und das Lieferantenmanagement zusammen. Lediglich bei den Kosten für die geplanten Prüfungen ist eine eindeutige Zuordnung zu einzelnen Bauteilen möglich, da u.a. Prüfzeiten bei serienbegleitenden und seriennahen Prüfungen erfasst werden können. Bei den übrigen Kostenanteile der Fehlerverhütungskosten ist eine eindeutige Zuordnung zu einzelnen Bauteilen kaum möglich, da diese in Unternehmen häufig in Zentralbereichen als Fixkosten anfallen. Darüber hinaus sind diese Fixkosten in der Regel stark branchen- und unternehmensabhängig und der Anteil an den Kosten pro Bauteil ist relativ gering, sofern es sich nicht um sehr spezielle Bauteile mit besonders hohen regulatorischen Anforderungen handelt. Daher werden diese Kostenbestandteile im weiteren Verlauf der Arbeit nicht weiter berücksichtigt.

Damit setzen sich die Qualitätskosten im Kostenmodell aus den Fehlerkostenkategorien *Ausschuss*, *Nacharbeit* und *Gewährleistungs- und Kulanzkosten* sowie der Fehlerverhütungskostenkategorie *geplante Prüfungen* zusammen.

Damit ergeben sich die gesamten Qualitätskosten aus der Summe der ermittelten Gesamtfehlerkosten und der Gesamtqualitätsprüfkosten für ein bestimmtes Prüfszenario wie in Gl. 4-22 beschrieben.

$$K_{GQ,s} = K_{GF,s} + K_{GP,s} \qquad \text{Gl. 4-22}$$

$K_{GQ,s}$: Gesamte Qualitätskosten des Prüfszenarios s

$K_{GF,s}$: Gesamte Fehlerkosten des Prüfszenarios s

$K_{GP,s}$: Gesamte Qualitätsprüfkosten des Prüfszenarios s

Nachfolgend werden nun die Fehlerkosten und die Fehlerverhütungskosten detaillierter erläutert, wobei bei den Fehlerverhütungskosten die Prüfkosten in den Fokus genommen werden.

4.5.1 Schritt 3.1: Fehlerkosten berechnen

Die Fehlerkosten werden sowohl durch die Spezifikationsabweichungen selbst als auch durch Fehlentscheidungen bei Prüfungen, die aus der Unsicherheit des Prüfmittels resultieren, beeinflusst. Diese Unsicherheiten des Prüfmittels manifestieren sich im α- und β-Fehler (siehe Kapitel 2.4.1).

4.5.1.1 Einführung in das Kostenmodell nach SON

SON hat ein Modell entwickelt, mit dem sich anhand unterschiedlicher Einflussgrößen wie beispielsweise der Kosten für die Nacharbeit von Gut- bzw. Schlechteilen und den α- bzw. β-Fehlern die Fehlerkosten bestimmen lassen. Dabei werden die fünf in Tabelle 4-1 beschriebenen Fälle, in denen Fehlerkosten auftreten können, betrachtet.

Durch Gl. 4-23 wird das Kostenmodell nach SON für das Prüfszenario s beschrieben.[229]

$$K_{FK,s} = \alpha(1-p)\,k_g + w(1-\beta)p\,k_b + (1-w)(1-\beta)p\,(k_b + k_s) + p\beta\,k_a \qquad \text{Gl. 4-23}$$

$K_{FK,s}$: Fehlerkosten des Prüfszenarios s pro Bauteil

α: Wahrscheinlichkeit des Eintretens eines α-Fehlers

β: Wahrscheinlichkeit des Eintretens eines β-Fehlers

p: Anteil an produzierten Schlechtteilen

w: Wahrscheinlichkeit, ein Schlechtteil durch Nacharbeit in ein Gutteil umzuwandeln.

k_g: Kostensatz der Nachbearbeitung eines Gutteils

k_b: Kostensatz der Nachbearbeitung eines Schlechtteils

k_s: Kostensatz für nicht reparierbare Teile

k_u: Kostensatz in Folge der Unzufriedenheit des Kunden

Es folgt für die gesamten Fehlerkosten des Prüfszenarios s:

$$K_{GF,s} = n \cdot K_{FK,s} \qquad \text{Gl. 4-24}$$

$K_{GF,s}$: Gesamte Fehlerkosten des Prüfszenarios s

$K_{FK,s}$: Fehlerkosten des Prüfszenarios s pro Bauteil

n: Anzahl der betrachteten Bauteile

In Tabelle 4-1 werden die einzelnen Terme des Kostenmodells von SON detaillierter beschrieben, indem ihnen die fehlerkostenverursachenden Fälle zugeordnet werden.

[229] Vgl. SON, Y. (A cost estimation model for advanced manufacturing systems) (1991), S. 448 - 449.

Tabelle 4-1: Zusammenstellung möglicher Fälle, in denen Fehlerkosten auftreten, nach SON

<table>
<tr><th>Term Nr.</th><th>Wahrscheinlichkeit</th><th>Kosten/ Einheit</th><th colspan="2">Fall</th><th>Ort</th></tr>
<tr><td>-</td><td>$(1-\alpha)(1-p)$</td><td>0</td><td colspan="2">Gutteil, welches richtig als in Ordnung deklariert wurde (nicht berücksichtigt, da keine Kosten).</td><td rowspan="4">Intern</td></tr>
<tr><td>1</td><td>$\alpha(1-p)$</td><td>k_g</td><td colspan="2">Gutteils, welches fälschlicherweise als nicht in Ordnung identifiziert wurde (α-Fehler).</td></tr>
<tr><td>2</td><td>$w(1-\beta)p$</td><td>k_b</td><td rowspan="2">Schlechtteil, welches richtig als nicht in Ordnung deklariert wurde.</td><td>reparierbar</td></tr>
<tr><td>3</td><td>$(1-w)(1-\beta)p$</td><td>$k_b + k_s$</td><td>nicht reparierbar</td></tr>
<tr><td>4</td><td>βp</td><td>k_a</td><td colspan="2">Schlechtteil, welches als Gutteil eingestuft wurde (β-Fehler).</td><td>Extern</td></tr>
</table>

Der Term Nr.1 beschreibt das Auftreten eines α-Fehlers. In Term Nr. 2 werden die zugehörigen Kosten für reparierbare Schlechtteile und in Term Nr. 3 für nicht reparierbaren Schlechtteile betrachtet. Der vierte Term beschreibt die Kosten für ein Schlechtteil, welches fälschlicherweise als Gutteil klassifiziert wurde und so zum Kunden gelangt ist. Es stellt damit einen klassischen β-Fehler dar.

4.5.1.2 Bestimmung der Parameter des Kostenmodells nach SON

Um Berechnungen mit dem Kostenmodell nach SON vornehmen zu können, sind diverse Parameter zu ermitteln oder abzuschätzen. Eine ausführliche Herleitung der Berechnung des α- und des β-Fehlers ist in Kapitel 4.5.1.2.2.1 aufgeführt. Darüber hinaus wird der Anteil an produzierten Schlechtteilen benötigt. Da diese Arbeit insbesondere die geometrischen Prüfmerkmale adressiert, werden im weiteren Verlauf der Arbeit solche Teile als Schlechtteile bezeichnet, bei denen die geometrischen Abmessungen nicht den Anforderungen entsprechen. Konkret muss daher ermittelt werden, wie viele der mit dem 3D-Drucker produzierten Teile mindestens eine geometrische Spezifikation aufweisen, welche sich nicht innerhalb des vorgegebenen Toleranzfeldes befindet. Eine detaillierte Bestimmung des Anteils an produzierten Schlechtteilen ist in Kapitel 5.2 dokumentiert.

Bei der Wahrscheinlichkeit w sowie den Kostensätzen k_g und k_b handelt es sich um Parameter, deren Betrag sehr stark vom Produkt und vom herstellenden Unternehmen abhängig ist. Daher werden diese Parameter im weiteren Verlauf der Arbeit lediglich abgeschätzt.

Besonders herausfordernd ist die Abschätzung des Kostensatzes k_a, da hier der Fokus auf die Unzufriedenheit des Konsumenten gerichtet ist. Bei den Konsumenten gibt es Unterschiede hinsichtlich ihrer Anforderungen an ein Produkt und der zugehörigen Priorisierung, da sie beispielsweise die Produkte unterschiedlich einsetzen. Wenn ein Konsument ein fehlerhaftes Produkt erhält, welches als in Ordnung eingestuft wurde (β-Fehler), dann resultieren für den Konsumenten je nach Verwendungszweck unterschiedliche Kosten, welche sich pauschal nur sehr schwer beziffern lassen. Es sei jedoch auf die sogenannte „10er-Regel" verwiesen. Gemäß dieser Regel steigen die Kosten, welche die Fehlerbehebung verursacht, über den Produktentstehungsprozess stetig an. Dabei wird der Anstieg von einer Phase zur nächsten mit dem Faktor 10 angegeben.[230] Das bedeutet, wenn ein Fehler erst vom Konsumenten entdeckt wird, betragen die Kosten für den Hersteller ungefähr das Zehnfache der Kosten, die dem Hersteller entstanden wären, wenn er das Produkt vor der Auslieferung an den Konsumenten als fehlerhaft klassifiziert und folglich nicht ausgeliefert hätte. Damit wird der Kostensatz k_a als besonders kritisch eingestuft, da er sehr kundenspezifisch ist und sein Betrag die übrigen Kostensätze deutlich übertreffen kann. Daher sollte ein wichtiges Kriterium bei der Auswahl des Prüfmittels der resultierende β-Fehler sein.

Für den Kostensatz k_s wird hingegen in Kapitel 4.5.1.2.1 eine detaillierte Herleitung auf der Basis der dreidimensionalen Bauteildaten vorgenommen.

Anwendung anhand einer Beispielrechnung

Nachfolgend wird Gl. 4-23 anhand eines Beispiels veranschaulicht:

Für einen Probekörper mit der Stückzahl $n = 6$ gelten folgende Parameter:

α-Fehler: α= 10,24%

β-Fehler: β= 5,39%

$p = 50\%$; $w = \beta$;

$k_b = k_g = 5{,}00$ Euro; $k_s = 10{,}00$ Euro; $k_a = 50{,}00$ Euro

Damit ergeben sich nach Gl. 4-23 folgende Fehlerkosten pro Bauteil:

$$K_{FK} = 0{,}1024 \cdot (1 - 0{,}5) \cdot 5\,Euro + 0{,}0539 \cdot (1 - 0{,}0539) \cdot 0{,}5 \cdot 5\,Euro + (1 - 0{,}0539) \cdot (1 - 0{,}0539) \cdot 0{,}5 \cdot (5\,Euro + 10\,Euro) + 0{,}5 \cdot 0{,}0539 \cdot 50\,Euro \quad \text{Gl. 4-25}$$

$$K_{FK} = 0{,}2560\,Euro + 0{,}1275\,Euro + 6{,}7133\,Euro + 1{,}3475\,Euro = 8{,}4443\,Euro \quad \text{Gl. 4-26}$$

Insgesamt ergeben sich nach Gl. 4-24 Fehlerkosten in Höhe von $K_{GF} = n \cdot K_{FK} = 6 \cdot 8{,}4443\,Euro = 50{,}6658\,Euro \approx 50{,}67\,Euro$. Bei dem Vergleich der Terme in Gl. 4-26 wird ersichtlich, dass Term Nr. 3 den größten Anteil an den Fehlerkosten besitzt. In diesem Fallbeispiel verursachen somit richtig deklarierte Schlechtteile, welche nicht repariert werden können, die anteilig größten Fehlerkosten (siehe Tabelle 4-1).

Bestimmung des Kostensatzes

Nachfolgend werden in den Kapiteln 4.5.1.2.1 und 4.5.1.2.2 zwei Module beschrieben, welche wichtige Parameter für das Kostenmodell bereitstellen. In Kapitel 4.5.1.2.1 wird erläutert, wie die Herstellkosten eines additiv gefertigten Bauteils auf der Basis des CAD-Modells bestimmt werden. Dieses Modul wird

[230] Vgl. Schmitt, R.; Pfeifer, T. (Qualitätsmanagement) (2015), S. 3.

in Kapitel 5.1 anhand eines konkreten Fallbeispiels validiert. Somit wird der Forschungsbedarf Nr. 3 (Fb 3) aus Kapitel 2.6 adressiert.

In Kapitel 4.5.1.2.2 werden die Unsicherheiten bei den geometrischen Abmessungen der additiv gefertigten Bauteile erfasst und durch den α- und β-Fehler in das Modell integriert. Für dieses Modul erfolgt die Validierung in Kapitel 5.2. Damit wird auf den in Kapitel 2.6 beschriebenen Forschungsbedarf Nr. 4 (Fb 4) eingegangen.

4.5.1.2.1 Ermittlung der Bauteilkosten (Modul 1)

Im ersten Modul wird die Berechnung der Bauteilkosten beschrieben. Das Rechenmodell kann auf Grund des Umfangs nur in Auszügen beschrieben werden. Durch die Entwicklung eines Kostenmodells wird der Forschungsbedarf Nr. 3 adressiert:

Es ist ein Modell zur Berechnung der Qualitätskosten für additiv gefertigte Bauteile zu entwickeln, welches die Kalkulation der Herstellkosten beinhaltet und berücksichtigt, dass viele Kostenaspekte starken produkt- und unternehmensspezifischen Einflüssen unterliegen.

bearbeitet. Es wird eine Vorgehensweise zur Abschätzung der Gesamtkosten eines Bauteils beschrieben. Anhand des ausgewählten Druckers, des Baumaterials und der CAD-Bauteildaten lassen sich die zentralen Berechnungsparameter bestimmen, welche wiederum die Basis bilden für die Berechnung des Materialverbrauchs und der Bauzeit des Prototyps. Die gewonnenen Erkenntnisse werden schließlich in einem Berechnungstool zusammengeführt, welches eine detaillierte Abschätzung der Bauteilkosten ermöglicht.

4.5.1.2.1.1 Kostenmodell der Herstellkosten

In Abbildung 4-8 sind ausgehend von den Herstellkosten die zu unterscheidenden Kostenarten dargestellt. Die Herstellkosten setzen sich aus den Materialkosten und den Fertigungskosten zusammen[231]. Die Materialkosten ergeben sich wiederum aus den Werkstoffkosten, den Kosten für bezogene Fertigteile sowie den Betriebs- und Hilfsstoffkosten[232]. Da der Zukauf von Fertigteilen nicht vorgesehen ist, werden die Kosten für bezogene Fertigteile aus dem Kostenmodell gestrichen.

Da das Kostenmodell auf additiv gefertigte Bauteile aus dem 3D-Drucker angewendet werden soll, enthält der Fertigungsprozess lediglich ein einzelnes Fertigungsverfahren sowie ggf. etwas Nachbearbeitung. Daher wird für die Fertigungskosten vereinfachend angenommen, dass diese aus den Personalkosten und den Betriebsmittelkosten bestehen, wobei diese sich wiederum in die Maschinen- und sonstigen Betriebskosten untergliedern.

[231] Vgl. Preißner, A. (Praxiswissen Controlling) (2010), S. 115.

[232] Vgl. ebenda (Praxiswissen Controlling) (2010), S. 102; vgl. Götze, U. (Kostenrechnung und Kostenmanagement) (2010), S. 28.

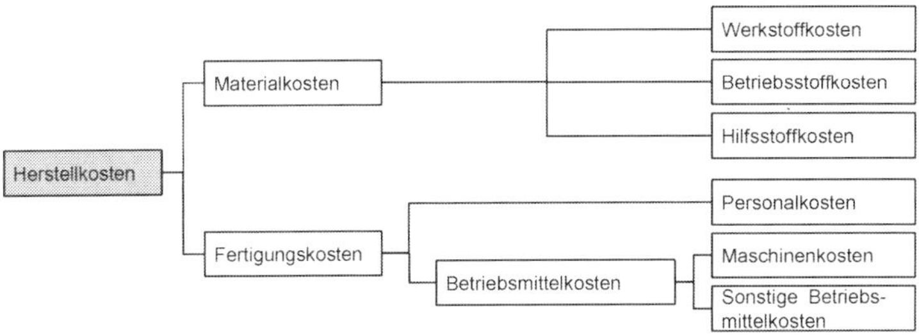

Abbildung 4-8: Im Kostenmodell unterschiedene Kostenarten

Alle in Abbildung 4-8 aufgelisteten Kostenarten lassen sich in Einzel- und Gemeinkosten untergliedern. In diesem Kostenmodell ergeben sich die Gemeinkosten aus prozentualen Zuschlagssätzen basierend auf den Einzelkosten. In Abbildung 4-9 sind die einzelnen für die weitere Arbeit relevanten Kostenarten kurz beschrieben.

Kostenart	Beschreibung
Werkstoffkosten	Kosten des zur Bauteilerstellung verwendeten Rohmaterials
Betriebsstoffkosten	Stoffe, die im Leistungserstellungsprozess verbraucht werden und nicht in das Fertigerzeugnis eingehen (z.B. Schmierstoffe) und Energiekosten, wenn mit Leistungserstellungsprozess in einer direkten Relation (d.h. keine Heizkosten der Produktionshallen)
Hilfsstoffkosten	Kosten für unwesentliche Produktbestandteile (z.B. Schrauben, Nägel, Leim)
Personalkosten	Kosten für das zur Leistungserstellung benötigte Personal
Maschinenkosten	Kosten für die Abschreibung und Wartung der an der Leistungserstellung beteiligten Produktionsmaschinen
Sonstige Betriebsmittelkosten	Kosten für Betriebsmittel mit Ausnahme der Maschinen z.B. Kosten für Werkzeuge, Gebäude, Gabelstapler etc.

Abbildung 4-9: Beschreibung der Kostenarten

Das resultierende Kostenmodell zur Berechnung der Herstellkosten ist in Abbildung 4-10 schematisch dargestellt. Bei der Aufteilung der Herstellkosten eines Bauteils in die einzelnen Kostenkategorien werden Werkstoffkosten, Personalkosten, Hilfsstoffkosten, Maschinenkosten, sonstige Betriebsmittelkosten und Betriebsstoffkosten unterschieden.

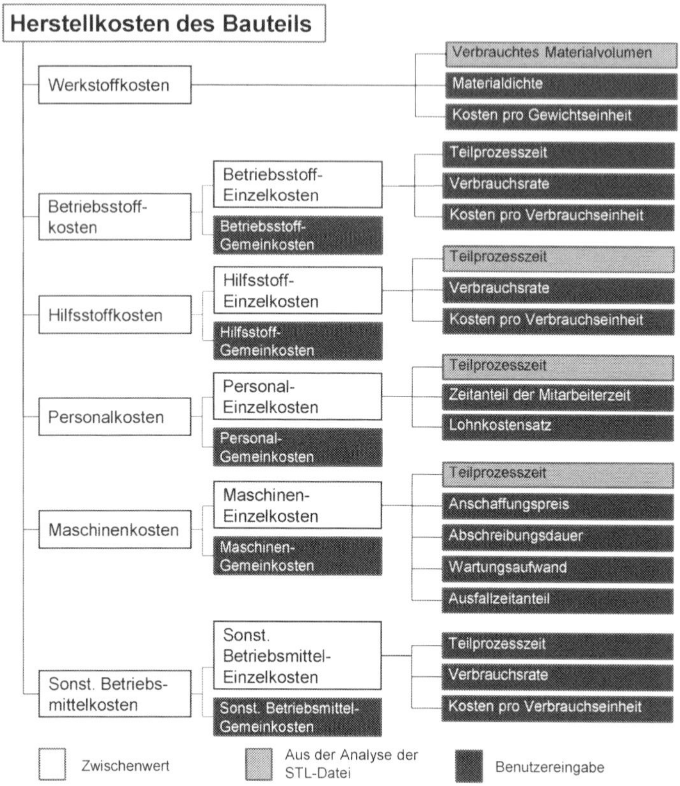

Abbildung 4-10: Kostenmodell der zu Berechnung der Herstellkosten des Bauteils

Es ist farblich kenntlich gemacht, woher die benötigten Informationen stammen. In grau sind die Felder gekennzeichnet, bei denen sich die Information aus der Analyse der STL-Datei ergibt. Dabei müssen in der Regel umfangreiche Berechnungen erfolgen, um beispielsweise eine Teilprozesszeit zu bestimmen. Durch eine Kombination der Teilprozesszeit mit den Kostensätzen und Zeitanteilen usw. in dunkelblau ergeben sich die jeweiligen Einzelkosten. Dunkelblau ist ein Feld hervorgehoben, wenn die Information durch den Nutzer eingegeben werden muss und diese im Modell nicht aus anderen Werten berechnet wird. Im vorliegenden Tool kann der Nutzer jedoch auf entsprechende Datenbanken zurückgreifen. Die Einzelkosten und die zugehörigen Gemeinkosten bilden dann die jeweilige Kostenkategorie. Lediglich die Werkstoffkosten besitzen keinen Gemeinkostenanteil.

4.5.1.2.1.2 Kostenentstehung im additiven Fertigungsprozess

Um eine differenzierte Betrachtung der Kosten der Bauteilerstellung vornehmen zu können, wird der gesamte Fertigungsprozess in die in Abbildung 4-11 dargestellten Schritte untergliedert.

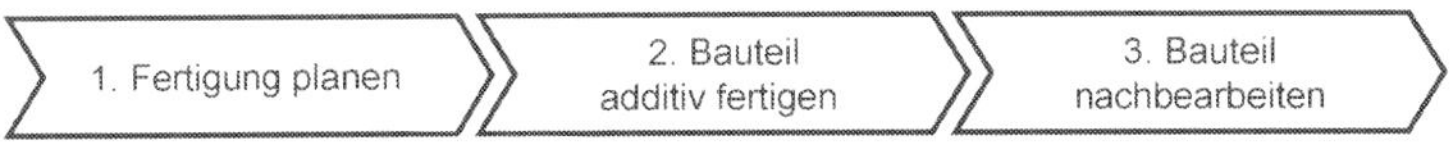

Abbildung 4-11: Schritte der additiven Fertigung

Im ersten Schritt wird die Fertigung geplant, d.h. alle vorbereitenden Aktivitäten sind hier lokalisiert. Der Aufwand ist in dieser Phase sehr stark von der Bauteilgeometrie und der Datenqualität des CAD-Modells bzw. der STL-Datei abhängig. Eine allgemeingültige Abschätzung der anfallenden Kosten ist hier problematisch und muss daher vom Anwender bauteilspezifisch vorgenommen werden. Der zweite Schritt beinhaltet den eigentlichen Fertigungsprozess mit dem 3D-Drucker. In den meisten Fällen entstehen unter normalen Bedingungen in diesem Schritt anteilig die höchsten Kosten. Daher ist eine exakte Modellierung in diesem Schritt besonders bedeutsam. Der Prozess wird mit dem dritten Schritt abgeschlossen, welcher sämtliche Aktivitäten der Bauteilnachbearbeitung umfasst. Dabei besteht eine große Vielfalt bei den zum Einsatz kommenden Verfahren. Dies steht einer Modellierung basierend auf wenigen Eingabeparametern entgegen und erfordert eine große Flexibilität bei den Eingabeoptionen.

Das in Abbildung 4-10 vorgestellte Kostenmodell bezieht sich auf den zweiten Schritt „Bauteil additiv fertigen". Da der erste und der dritte Schritt für die folgenden Fallbeispiele, in denen das Bauteil jeweils mit dem FDM-Verfahren gefertigt und nur minimal nachgearbeitet werden muss, nur einen sehr geringen Einfluss auf die Gesamtkosten besitzen, werden die in diesen Schritten entstehenden Kosten im Rahmen dieser Arbeit nicht näher betrachtet. Nachfolgend wird der Fokus auf das Kostenmodell aus Abbildung 4-10 gelegt. Daher wird in den folgenden Unterkapitel beschrieben, wie sich das verbrauchte Materialvolumen (siehe Kapitel 4.5.1.2.1.3) und die Teilprozesszeit (siehe Kapitel 4.5.1.2.1.4) auf Basis der STL-Datei berechnen lassen.

4.5.1.2.1.3 Ermittlung des verbrauchten Materialvolumens

Anhand von Algorithmen, welche auf die Daten der STL-Datei des Bauteils (siehe Kapitel 2.3.2) zurückgreifen, werden bedeutende Parameter zur Berechnung des Materialverbrauchs bestimmt. In Abbildung 4-12 ist das Kalkulationsschema für die Werkstoffkosten dargestellt. Auf der obersten Ebene ergeben sich die Werkstoffkosten als Produkt aus dem Volumen des verbrauchten Materials, der Dichte des verbrauchten Materials und den Materialkosten pro Gewichtseinheit.

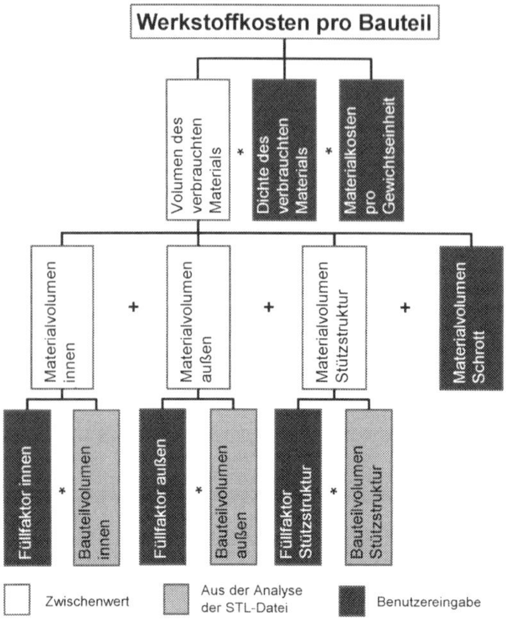

Abbildung 4-12: Zusammensetzung der Werkstoffkosten

Das Volumen des verbrauchten Materials ergibt sich wiederum aus den Materialvolumina im Bauteilinneren, dem Materialvolumen der Außenwände, dem Materialvolumen der Stützstruktur und dem Materialvolumen des verschrotteten Materials. Das Materialvolumen wiederum ergibt sich jeweils als Produkt aus einem bestimmten Bauteilvolumen und einem Füllfaktor[233].

Das gesamte Bauteilvolumen wird auf Basis der STL-Datei berechnet. Nach ZHANG und CHEN resultiert es aus der Summe der Tetraedervolumina, die sich bei der Projektion der Oberflächendreiecke auf den Ursprung ergeben.[234] Anhand von Algorithmen wird das gesamte Bauteilvolumen und die Bauteiloberfläche berechnet. Dann ergibt sich das Bauteilvolumen außen aus dem Produkt aus Bauteiloberfläche und Stärke der Außenkontur. Das Bauteilvolumen innen ergibt sich aus der Differenz des gesamten Bauteilvolumens und des Bauteilvolumens außen. Das Bauteilvolumen der Stützstruktur, die zur Abstützung von Hohlräumen oder Überhängen dient, folgt nicht unmittelbar aus der STL-Datei, sondern wird anhand eines kritischen Überhangwinkels α bestimmt. Der Überhangwinkel stellt den minimalen Winkel zwischen überhängender Bauteiloberfläche und der x-y-Ebene dar, bei dem gerade noch keine Abstützung erfolgen muss. In dem zur Berechnung verwendeten Softwaretool erfolgt die Einstellung

---

233 Der Füllfaktor berücksichtigt den Volumenfüllgrad des Bauteils. Dieser Füllgrad hängt stark von den realen Hohlstrukturen des Bauteils ab und ergibt sich in der Regel nicht direkt aus der STL-Datei des Bauteils, da die Hohlstrukturen normalerweise erst von der Slicer-Software des Druckers konzipiert und ausdetailliert werden.

234 Vgl. Zhang, C.; Chen, T. (Efficient feature extraction for 2D/3D objects in mesh representation) (2001), S. 936f.

des Überhangwinkels α manuell. Neben diesem Algorithmus zur Berechnung des Stützstrukturvolumens werden über weitere Algorithmen die Querschnittsfläche und der Umfang der Bauteilquerschnitte für jede einzelne Schicht berechnet, wie im Anhang unter A.4 und A.5 dargestellt. Eine detaillierte Herleitung und Erläuterung dieser Algorithmen ist nicht Bestandteil dieser Arbeit.

4.5.1.2.1.4 Ermittlung der Druckprozesszeit

Nachdem die Berechnung der Werkstoffkosten auf der Basis der STL-Datei beschrieben worden ist, wird in diesem Unterkapitel die Teilprozesszeit (siehe Abbildung 4-10) des Druckvorgangs, d.h. die Druckprozesszeit ermittelt.

Dabei beschreibt die Druckprozesszeit die Zeiten, in denen der 3D-Drucker verwendet wird.

Kostenmodelle aus der Literatur besitzen vielfach keine hohe Genauigkeit, da die Bauteilgeometrie und das daraus resultierende Bauteilvolumen nicht hinreichend berücksichtigt werden. Bei dem verbreiteten Modell nach GIBSON ET AL. erfolgt die Berechnung der Bauteilschichten beispielsweise auf der Basis der Fläche des quadratischen Hüllvolumens und eines Füllfaktors[235]. Dies führt bei gewissen Bauteilgeometrien zu großen Volumenabweichungen, aus denen wiederum eine entsprechende Abweichung bei der Druckprozesszeit und damit auch der Kosten resultiert.

In Abbildung 4-13 ist dargestellt, wie sich die Druckprozesszeit berechnen lässt. Sie setzt sich aus der Zeit für den tatsächlichen Materialaufbau und den sonstigen Zeiten zusammen. Diese sonstigen Zeiten ergeben sich aus der Summe der Zeiten für die Vor- und Nachbereitung des Drucks sowie der Zeit für die Warte- und Verfahrzeiten des Druckers multipliziert mit einem Gemeinzeitenanteil, der jedoch nur bei der parallelen Fertigung verschiedener Bauteiltypen zu beachten ist und sich aus dem gewichteten Verhältnis der unterschiedlichen Druckzeiten ergibt.

[235] Vgl. Gibson, I.; et al. (Additive Manufacturing Technologies) (2021), S. 545f.

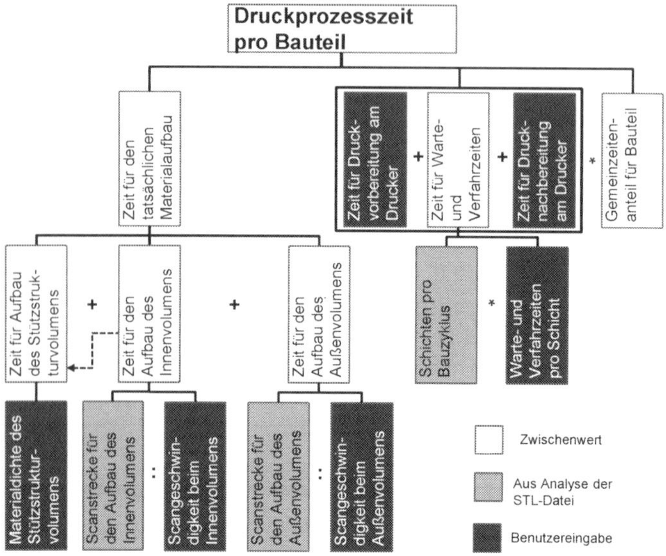

Abbildung 4-13: Zusammensetzung der Druckprozesszeit

Analog zur Berechnung der Werkstoffkosten (siehe Abbildung 4-12) wird bei der Zeit für den tatsächlichen Materialaufbau zwischen der Zeit für den Aufbau des Innen-, des Außen- und des Stützstrukturvolumens unterschieden. Die Zeiten für den Aufbau des Innen- bzw. Außenvolumens ergeben sich jeweils aus der Scanstrecke, d.h. der Strecke, welche beispielsweise der Extruder beim Einsatz des FDM-Verfahrens beim Volumenaufbau abfahren muss. Diese Scanstrecken werden aus der STL-Datei ermittelt und zur Berechnung der Zeiten für den Volumenaufbau durch die jeweiligen Scangeschwindigkeiten dividiert. Darüber hinaus wird die Zeit für dem Aufbau des Stützstrukturvolumens mit Hilfe der Äquivalenzziffernkalkulation aus der Zeit für den Aufbau des Innenvolumens abgeschätzt. Bei der Äquivalenzziffernkalkulation ergeben sich die jeweiligen Anteile der einzelnen Kostenträger an den Gesamtkosten aus einer definierten Verhältniskennzahl. Daher ist der Berechnungsaufwand im Vergleich zu anderen Kalkulationsverfahren gering. Das Verfahren wird aus diesem Grund bei der Vorkalkulation beispielsweise in Entwicklungsprojekten eingesetzt[236].

Die Zeit für Warte- und Verfahrzeiten ergibt sich als Produkt aus der Zeit für das Warten und das Verfahren in z-Richtung pro Schicht und der Anzahl der Schichten pro Bauzyklus. Wenn nur ein einzelnes Bauteil betrachtet wird, resultiert die Anzahl der Schichten unmittelbar aus der Analyse der STL-Datei. Beim gleichzeitigen Druck mehrerer Bauteile kann dies je nach Anordnung der Bauteile die Anzahl der Schichten beeinflussen.

[236] Vgl. Ehrlenspiel, K.; et al. (Kostengünstig Entwickeln und Konstruieren) (2014), S.°459; vgl. Schuh, G. (Produktionsmanagement) (2014), S.°124.

Damit wurde das Kostenmodell zur Berechnung der Herstellkosten des Bauteils erläutert. Schwerpunktmäßig wurde auf die Werkstoffkosten und die Druckprozesszeit eingegangen, da diese zur Steigerung der Genauigkeit unmittelbar aus den Geometriedaten aus der STL-Datei ermittelt werden.

4.5.1.2.2 Bestimmung der Messunsicherheit und der $\boldsymbol{\alpha}$- und $\boldsymbol{\beta}$-Fehler (Modul 2)

In diesem zweiten Modul wird die Vorgehensweise beschrieben, wie sich α/ β- Fehler für die Herstellung von Bauteilen, welche mit dem FDM-Verfahren gefertigt wurden, berechnen lassen. Als Messmittel werden ein Messschieber und ein Koordinatenmessgerät betrachtet.

Damit wird der Forschungsbedarf Nr. 3 adressiert:

Fb 3 Relevante Unsicherheiten bei den geometrischen Abmessungen der additiv gefertigten Bauteile sind in die Berechnung der Qualitätskosten einzubeziehen, sodass unter anderem der α- und β-Fehler berücksichtigt werden.

In Kapitel 4.5.1.2.2.1 wird zunächst beschrieben, wie sich der α- und der β-Fehler abschätzen lassen. Dabei wird auch die Herleitung der nummerischen Annäherung eines für die Berechnung erforderlichen Integrals erläutert. Im Unterkapitel 4.5.1.2.2.3 wird dann die Abschätzung der Unsicherheit der Messlehre als ein weiterer benötigter Parameter betrachtet.

4.5.1.2.2.1 Ermittlung des $\boldsymbol{\alpha}/\boldsymbol{\beta}$- Fehlers

In Kapitel 2.4.2 wurden die Grundlagen zu α- und β- Fehler erläutert. Unter der Annahme, dass die Nullhypothese ausdrückt, dass das Qualitätsmerkmal den geforderten Spezifikationen entspricht, gilt:

Bei einem α-Fehler wird die Nullhypothese fälschlicherweise abgelehnt[237], d.h. ein Qualitätsmerkmal, welches den Spezifikationen genügt, wird irrtümlich als fehlerhaft klassifiziert.

Bei einem β-Fehler wird die Nullhypothese fälschlicherweise angenommen, d.h. ein Qualitätsmerkmal wird irrtümlich als in Ordnung bewertet, obwohl es tatsächlich fehlerhaft ist.[238]

Wie in der ISO IEC 98-4 beschrieben, lassen sich der α- und der β-Fehler bei einer Normalverteilung und einer binären Entscheidungsregel mit der folgenden Gleichung bestimmen:[239]

$$R_P = \int_{\frac{T_L - y_0}{u_0}}^{\frac{T_U - y_0}{u_0}} \left(1 - F(z)\right)\varphi_0(z)dz \qquad \text{Gl. 4-27}$$

[237] Vgl. Rasch, B.; et al. (Quantitative Methoden 1) (2014), S. 55.

[238] Wälder, K.; Wälder, O. (Methoden zur Risikomodellierung und des Risikomanagements) (2017), S. 2.

[239] Vgl. ISO/IEC GUIDE 98-4:2012 (E) (Uncertainty of measurement) (2012), S. 37f.

$$R_C = \int_{-\infty}^{\frac{T_L - y_0}{u_0}} F(z)\varphi_0(z)dz + \int_{\frac{T_U - y_0}{u_0}}^{\infty} F(z)\varphi_0(z)dz \qquad \text{Gl. 4-28}$$

$$F(z) = \Phi\left(\frac{A_U - y_0 - u_0 z}{u_m}\right) - \Phi\left(\frac{A_L - y_0 - u_0 z}{u_m}\right) \qquad \text{Gl. 4-29}$$

$$\varphi_0(z) = \frac{1}{\sqrt{2\pi}} \exp\left(\frac{-z^2}{2}\right) \qquad \text{Gl. 4-30}$$

$$\Phi(z) = \frac{1}{\sqrt{2\pi}} \int_{-\infty}^{z} \exp\left(\frac{-t^2}{2}\right) dt \qquad \text{Gl. 4-31}$$

R_P: Produzentenrisiko (α-Fehler)

R_C: Konsumentenrisiko (β-Fehler)

$\varphi_0(z)$: Dichtefunktion der Standardnormal0verteilung

T_U: obere Toleranzgrenze

T_L: untere Toleranzgrenze

A_U: oberes Akzeptanzlimit des Konsumenten (unterhalb der oberen Toleranzgrenze)

A_L: unteres Akzeptanzlimit des Konsumenten (oberhalb der unteren Toleranzgrenze)

$\Phi(z)$: Verteilungsfunktion der Standardnormalverteilung

y_0: Erwartungswert einer Messgröße Y eines Bauteils vor der Durchführung der Messung

u_0: Standardunsicherheit bei der Schätzung y_0 einer Messgröße Y vor der Durchführung der Messung

u_m: Standardunsicherheit des Messmittels

z: Variable

In Abbildung 4-14 ist dargestellt, wie der Zusammenhang zwischen dem Toleranzintervall und dem Akzeptanzintervall in der Regel gewählt wird, um die Wahrscheinlichkeit ein fehlerhaftes Bauteil als fehlerfrei zu akzeptieren möglichst gering zu halten. Bei der Annahme normalverteilter Messwerte liegt die Wahrscheinlichkeit ein fehlerhaftes Bauteil als konform einzustufen im Akzeptanzintervall bei maximal 2,3%. Diese Maximalwahrscheinlichkeit wird an den Rändern des Akzeptanzintervalls erreicht.[240]

[240] Vgl. ebenda (Uncertainty of measurement) (2012), S. 22.

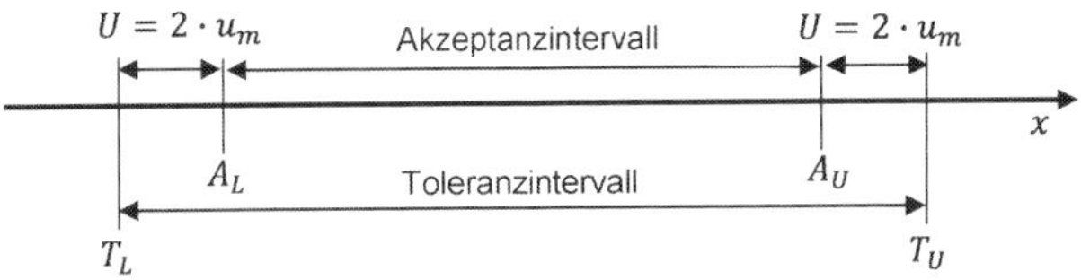

Abbildung 4-14: Zusammenhang zwischen Akzeptanz- und Toleranzintervall[241]

Aufgrund der wechselseitigen Abhängigkeiten der Terme werden die Gl. 4-27 und Gl. 4-28 numerisch mit Hilfe der Software Matlab[242] gelöst, um den α- und den β- Fehler zu berechnen.

Auf der Basis der Gleichungen werden zwei Matlab-Dateien erstellt. In der ersten Datei werden die Integrale aus Gl. 4-27 und Gl. 4-28 durch die Ausführung des Quelltextes aus Abbildung 4-15 berechnet.

```
function [alpha_error, beta_error] = trapezoid_approach(mue, sigma, A_l,
A_u, T_l, T_u, u_m)
%The programmme calculates the alpha (reject intact part) and beta (allow
defect part) error for a part, which gets
%measured, by numerical integration with the trapezoidal method
%The part and the measure instrument are normal distributed

%mue is the mean of the part specification
%A_l is the lower tolerance limit of the part
%A_u is the upper tolerance limit of the part
%T_l is the lower acceptance limit of the part
%T_u is the upper acceptance limit of the part
%u_m is the uncertainty of the measure instrument

%normpdf = normal probability density function
%normcdf = normal cumulative distribution function

alpha_error = trapez_area(@(x) (1-(normcdf((A_u - mue - sigma*x)/u_m) -
normcdf((A_l - mue - sigma*x)/u_m)))*normpdf(x), (T_l - mue)/sigma, (T_u
- mue)/sigma, 0.001);

beta_error = trapez_area(@(x) (normcdf((A_u - mue - sigma*x)/u_m) -
normcdf((A_l - mue - sigma*x)/u_m))*normpdf(x), -10, (T_l - mue)/sigma,
0.001) + trapez_area(@(x) (normcdf((A_u - mue - sigma*x)/u_m) -
normcdf((T_l - mue - sigma*x)/u_m))*normpdf(x), (T_u - mue)/sigma, 10,
0.001) ;

end
```

Abbildung 4-15. Quelltext der Matlab-Datei zur Berechnung des α- und des β-Fehlers

Im Quelltext ist die numerische Integration der angenäherten Kurven der Integranden aus den Gl. 4-27 und Gl. 4-28 ausgeführt. Für die numerische Integration wird das Trapezverfahren verwendet.

[241] Vgl. ebenda (Uncertainty of measurement) (2012), S. 21f.

[242] Zur Berechnung wurde die Software Matlab von The MathWork Inc. In der Version R2021a verwendet.

Nachfolgend wird zunächst die Vorgehensweise beim Trapezverfahren etwas detaillierter beschrieben, um die Anwendung transparent zu machen. Danach wird der verwendete Quelltext kurz erläutert.

Um die Menge der verwendeten Trapeze zu definieren, wird die genaue Anzahl an Trapezen num anhand der oberen und der unteren Integralgrenzen (OG und UG) bestimmt, d.h. als Quotient aus der ermittelten Distanz der Grenzen und der festzulegenden Trapezhöhe Δx.

$$num = \frac{OG - UG}{\Delta x} \quad \text{Gl. 4-32}$$

Der Flächeninhalt eines einzelnen Trapezes A_T ergibt sich für das i-te Trapez zu:

$$A_T(i) = \Delta x \cdot \frac{1}{2}\left(f(a_L + i \cdot \Delta x) + f(a_L + (i-1) \cdot \Delta x)\right) \quad \text{Gl. 4-33}$$

In Abbildung 4-16 ist die Berechnung der ersten drei Trapeze noch einmal anschaulich am Beispiel einer frei gewählten Funktion dargestellt.

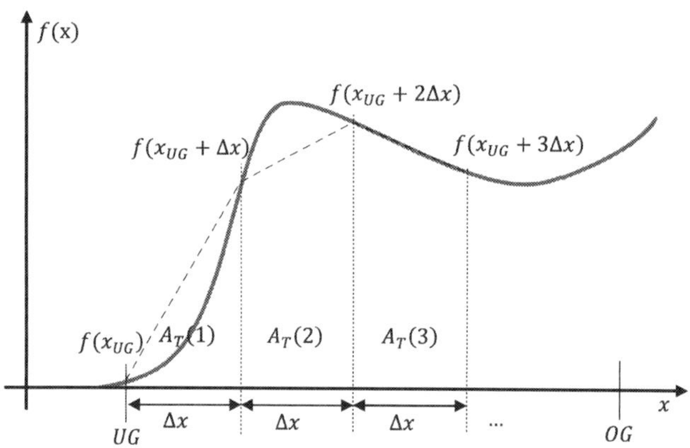

Abbildung 4-16: Veranschaulichung der Berechnung nach dem Trapezverfahren

Es ergibt sich als Näherung für die gesamte Fläche $area$ unter der Funktion:

$$area = \sum_{i=1}^{num} A_T(i) \quad \text{Gl. 4-34}$$

In Abbildung 4-17 ist der Quelltext der Matlab-Datei abgebildet, der Gl. 4-32, Gl. 4-33 und Gl. 4-34 aufnimmt und zur Abschätzung des Integrals dient.

```
function [ area ] = trapez_area( f,xl,xu,dx )
% f is the function, which will be integrated numercally by the trapezoi-
dal method
% dx is the interval length of the trapezoids
% xl is the lower limit
% xu is the upper limit
% area means the area under the curve


%number of trapezoids
num = (xu - xl) / dx ;

%begin at the lower limit
a = xl;
b = 0;

%calculate the area for every trapezoids and the sum
for i = 1 : 1 : num

b = b + (dx/2 * (f(a) + f(a+dx)));

%switch to the next trapezoid
a = a + dx;

end

area = b;

end
```

Abbildung 4-17: Quelltext der Matlab-Datei zur Berechnung der Fläche unter dem Graphen

Anhand eines Beispiels aus der ISO/IEC GUIDE 98-4 wird das numerische Berechnungsverfahren validiert, indem geprüft wird, ob das Matlab-Tool dasselbe Ergebnis liefert. Im Beispiel geht es um die Herstellung von Präzisionswiderständen.[243] In dem Beispiel gelten die folgenden Parameter:

$y_0 = 1500\Omega$, $u_0 = \sigma = 0{,}12\Omega$

$T_L = 1499{,}8\Omega$, $T_U = 1500{,}2\Omega$

$A_L = 1499{,}82\Omega$, $A_L = 1500{,}18\Omega$

$u_m = 0{,}04\Omega$

Mit einer Schrittweite von $\Delta x = 0{,}001\Omega$ ergibt sich als Ergebnis des Berechnungsverfahrens:

$R_P = 0{,}0690$ (α-Fehler) und $R_C = 0{,}0099$ (β-Fehler)

Diese Ergebnisse stimmen mit den Ergebnissen der Beispielrechnung aus der Richtlinie, welche auf Prozent gerundet wurden (d. h. $R_P = 0{,}07$ und $R_C = 0{,}01$), überein.[244] Damit ist ein erster Nachweis erbracht, dass sich das Berechnungsverfahren für die Berechnung des α- und des β-Fehlers eignet.

[243] Vgl. ebenda (Uncertainty of measurement) (2012), S. 27f.

[244] Vgl. ebenda (Uncertainty of measurement) (2012), S. 28.

4.5.1.2.2.2 Bestimmung des $\boldsymbol{\alpha}$- und des $\boldsymbol{\beta}$-Fehlers anhand eines realen Fallbeispiels

In der vorausgegangenen Berechnung wurden die entscheidenden Berechnungsparameter in der Aufgabenstellung vorgegeben. Nachfolgend sollen diese Parameter für ein experimentelles Beispiel zunächst berechnet und anschließend mit dem beschriebenen Verfahren der α- und der β-Fehler abgeschätzt werden. Die Ergebnisse werden dann mit den realen Ergebnissen verglichen.

Folgende Parameter müssen ermittelt werden, um das in Kapitel 4.5.1.2.2.1 beschriebene Verfahren anwenden zu können.

- Erwartungswert $y_0$einer Messgröße Y
- Standardunsicherheit u_0 bei der Schätzung y_0 einer Messgröße Y
- Standardunsicherheit des Messmittels u_m
- untere und obere Toleranzgrenze T_U und T_L
- oberes und unteres Akzeptanzlimit A_U und A_L

Lediglich die untere und die obere Toleranzgrenze sind als Eingangsgrößen für die Berechnung in der Regel verfügbar. Die übrigen Werte liegen aufgrund der begrenzten Stichprobengröße nicht vor und müssen abgeschätzt werden. Daher werden für die weitere Berechnung folgende Näherungen verwendet:[245]

- Mittelwerte $\bar{y}$ für den Erwartungswert $y_0$einer Messgröße Y:

$$\bar{y} = \frac{1}{n}\sum_{k=1}^{n} y_i \qquad \text{Gl. 4-35}$$

y_i: einzelner Messwert i der Messgröße Y

n: Gesamtanzahl an unabhängigen Beobachtungen

- Empirische Standardabweichung s für die Standardunsicherheit u_0:

$$s = \sqrt{\frac{1}{n-1}\sum_{i=1}^{n}(y_i - \bar{y})^2} \qquad \text{Gl. 4-36}$$

Wenn N unterschiedliche Stichproben (von Bauteilen) unabhängig voneinander aufgenommen werden, dann lässt sich die Standardmessunsicherheit u_0 in Abhängigkeit von der Anzahl der Ablesungen m in Gl. 4-37 auf Basis der gekoppelten Standardabweichung s_p abschätzen.[246]

[245] Vgl. ISO/IEC GUIDE 98-3:2008 (E) (Uncertainty of measurement) (2008), S. 10.

[246] Vgl. ebenda (Uncertainty of measurement) (2008), S. 93.

$$u_0 = \frac{s_p}{\sqrt{m}}$$ Gl. 4-37

s_p: gekoppelte Standardabweichung

m: Anzahl der wiederholten Ablesungen in einer Messreihe

$$s_p = \sqrt{\frac{\sum_{i=1}^{N}(n_i - 1) \cdot s_i}{\sum_{i=1}^{N}(n_i - 1)}} = \sqrt{\frac{(n_1 - 1)s_1^2 + (n_2 - 1)s_2^2 + \cdots + (n_N - 1)s_N^2}{n_1 + n_2 + \cdots + n_N - N}}$$ Gl. 4-38

$s_1, s_2, \dots s_N$: jeweilige Standardabweichung bei N verschiedenen Stichproben

$n_1, n_2, \dots n_N$: Anzahl der unabhängig wiederholten Beobachtungen n_i bei N unterschiedlichen Stichproben

Wenn alle n Stichproben eine identische Größe haben, lässt sich Gl. 4-38 folgendermaßen vereinfachen:

$$s_p = \sqrt{\frac{s_1^2 + s_2^2 + \cdots + s_n^2}{N}}$$ Gl. 4-39

- Darüber hinaus ergibt sich die Standardunsicherheit des Messmittels u_m aus der detaillierten Analyse des Messprozesses gemäß VDA 5, wobei die in Kapitel 4.5.1.2.2.3 beschriebenen Bedingungen und Erläuterungen zur Berechnung zu beachten sind.
- Das obere und das untere Akzeptanzlimit A_U und A_L werden aus den Toleranzgrenzen sowie der Standardunsicherheit des Messmittels u_m berechnet, wie in Abbildung 4-14 dargestellt.

4.5.1.2.2.3 Berechnung der Unsicherheit der Messmittel

Wie in Kapitel 2.4 beschrieben, gibt es zwei unterschiedliche Verfahren A und B, um die Unsicherheit eines Messmittels zu bestimmen. Nachfolgend wird das Verfahren A verwendet, da Messreihen für eine statistische Analyse verwendet werden können. Eine Berechnung nach Verfahren B würde hingegen angewendet, wenn keine Messreihen zur Verfügung stehen, sondern Vorinformationen wie beispielsweise Daten aus Kalibrierscheinen und Zertifikaten für die Abschätzung der Standardmessunsicherheit verwendet werden.[247]

Wenn für eine Größe X eine Anzahl von Wiederholmessungen größer 20 ($n > 20$) aufgenommen wird und die Messwerte normalverteilt sind, dann entspricht die Standardmessunsicherheit u_m der Standardabweichung s (siehe Gl. 4-40)[248]. Nach VDA-Band wird hingegen eine Anzahl von mindestens $n = 25$ Wiederholmessungen empfohlen[249].

---

[247] Vgl. Keferstein, C.; Marxer, M.; Bach, C. (Fertigungsmesstechnik) (2018), S. 43ff; vgl. Verband der Automobilindustrie e.V. (Prüfprozesseignung) (2011), S. 36.

[248] Vgl. Keferstein, C.; Marxer, M.; Bach, C. (Fertigungsmesstechnik) (2018), S. 44.

[249] Vgl. Verband der Automobilindustrie e.V. (Prüfprozesseignung) (2011), S. 34.

$$u_m = s(x_i), \quad (n > 20)$$ Gl. 4-40

Bei einer geringeren Anzahl an Messwerten ($n \leq 20$) ist ein Korrekturfaktor t bei der Bestimmung der Standardunsicherheit zu berücksichtigen.[250] Es gilt:

$$u_m = s(x_i) \cdot \frac{t(n)}{k}, \quad (n \leq 20)$$ Gl. 4-41

Ausgehend von der Anzahl der Einzelwerte n ergeben sich entsprechende t-Faktoren, welche in Tabelle 4-2 aufgelistet sind. Die Tabellenwerte entsprechen den Quantilen der t-Verteilung für eine Wahrscheinlichkeit $1 - \alpha = 0{,}975$ [251], wobei die Anzahl der Freiheitsgerade dem um eins reduzierten Stichprobenumfang[252] entspricht. Laut PFEIFER UND SCHMITT gilt grundsätzlich, dass die Mittelwerte für einen Stichprobenumfang größer 30 ($n > 30$) näherungsweise normalverteilt sind.[253] Da im Verlauf der Arbeit keine Berechnungen im Bereich $20 < n < 30$ durchgeführt werden, wird der Grenzwert für die Verwendung des t-Faktors nicht weiter diskutiert.

Tabelle 4-2: Korrekturfaktor t bei Stichproben mit geringer Anzahl an Einzelmesswerten für $k=2$[254]

n	2	3	4	5	6	8	10	20	50	100	125	200	> 200
$t(n)$	12,71	4,30	3,18	2,78	2,57	2,36	2,26	2,09	2,01	1,98	1,98	1,97	1,96

Aus der Messunsicherheit der Messgröße X ergibt sich die Standardmessunsicherheit u_m nach Methode A gemäß VDA[255]. Da gemäß Methode A Wiederholmessungen durchgeführt werden, sind sämtliche Unsicherheitskomponenten der kombinierten Standardunsicherheit, welche aus dem Normal, dem Messverfahren und dem zu messenden Werkstück[256] resultieren, als Summenergebnis in der Abschätzung der Standardmessunsicherheit u_m enthalten und es ergibt sich für die kombinierte Standardunsicherheit u_c:

$$u_c = u_m$$ Gl. 4-42

Ausgehend davon wird eine sogenannte erweiterte Unsicherheit U berechnet.[257]

[250] Vgl. Keferstein, C.; Marxer, M.; Bach, C. (Fertigungsmesstechnik) (2018), S. 44.

[251] Vgl. Linß, G. (Qualitätsmanagement für Ingenieure) (2011), S. 843.

[252] Vgl. Pfeifer, T.; Schmitt, R. (Fertigungsmesstechnik) (2010), S. 402.

[253] Vgl. ebenda (Fertigungsmesstechnik) (2010), S. 400.

[254] Vgl. Keferstein, C.; Marxer, M.; Bach, C. (Fertigungsmesstechnik) (2018), S. 44.

[255] Vgl. Verband der Automobilindustrie e.V. (Prüfprozesseignung) (2011), S.°34.

[256] Vgl. Keferstein, C.; Marxer, M.; Bach, C. (Fertigungsmesstechnik) (2018), S. 48.

[257] Vgl. ISO 14253-2:2011 (E) (Geometrical product specifications (GPS) - Inspection by measurement of workpieces and measuring equipment) (2011), S. 22.

$$U = k \cdot u_c \qquad \text{Gl. 4-43}$$

k: Erweiterungsfaktor

u_c: kombinierte Standardunsicherheit

Durch die erweiterte Messunsicherheit wird ein Bereich um das Messergebnis angegeben, in dem ein großer Anteil der Messwerte erwartet wird. Aus dem Erweiterungsfaktor k und der Verteilungsform resultiert der Vertrauensbereich. Unter der Annahme der Normalverteilung der Messwerte ergibt sich bei $k = 2$ ein Vertrauensbereich in Höhe von etwa 95%.[258] Bei der Wahl des Erweiterungsfaktors $k = 3$ wird ein Vertrauensbereich von 99,73% erreicht[259]. Häufig wird der Erweiterungsfaktor $k = 2$ gewählt.[260]

Für die Berechnung des α- und des β-Fehler mit den Gl. 4-27 und Gl. 4-28 sind damit alle erforderlichen Eingangsgrößen beschrieben.

4.5.2 Schritt 3.2: Fehlerverhütungskosten ermitteln

Wie in Kapitel 4.5 beschrieben und in Abbildung 4-7 dargestellt, wird für die weitere Berechnung lediglich die Fehlerverhütungskostenkategorie *geplante Prüfungen* berücksichtigt.

Laut VDA gelten Prüfungen als geplant, wenn sie eingeplant und damit im Produktionslenkungsplan vermerkt sind und nicht aus einem konkreten Fehler resultieren sowie isolierbar und kostenrechnerisch erfassbar sind. Damit werden Prüfungen, die untrennbar mit Montage-, Fertigungs- oder Maschinenschritten verknüpft sind, sowie Prüfungen zur Überwachung von Prozessparametern wie der Temperatur nicht den *geplanten Prüfungen* zugerechnet. In der Regel werden diese Prüfungen den Produktionskosten zugeschlagen. Die Fehlerverhütungskostenkategorie *geplante Prüfungen* untergliedert sich in den ersten Kostenblock serienbegleitende und seriennahe Prüfungen und den zweiten Kostenblock Prüfmittelmanagement. Der erste Kostenblock beinhaltet insbesondere Serienanlaufprüfungen, Produktaudits und End of Line Prüfungen. Im zweiten Kostenblock sind sämtliche Kosten im Zusammenhang mit dem Prüfmittel, d.h. Anschaffung, Überwachung, Kalibrierung und Instandhaltung des Prüfmittels, enthalten. Diese beiden Kostenblöcke werden bei der Berechnung der Fehlerverhütungskosten berücksichtigt.[261]

Bei der Kostenartenrechnung, d.h. bei der Aufgliederung in die unterschiedliche Kostenarten, zeigt sich, dass bei Industrieunternehmen die Materialkosten etwa 45% der Gesamtkosten umfassen – gefolgt von den Personalkosten (ca. 26%), den kalkulatorischen Abschreibungen (ca. 8%), den Betriebsstoffen (z.B. Strom, Wasser usw.) (ca. 8%) und den kalkulatorischen Zinsen (ca. 4%).[262] Da beim Einsatz von

---

[258] Vgl. Pfeifer, T.; Schmitt, R. (Fertigungsmesstechnik) (2010), S. 65.

[259] Vgl. Keferstein, C.; Marxer, M.; Bach, C. (Fertigungsmesstechnik) (2018), S. 47.

[260] Vgl. ISO 14253-2:2011 (E) (Geometrical product specifications (GPS) - Inspection by measurement of workpieces and measuring equipment) (2011), S. 22.

[261] Vgl. Verband der Automobilindustrie e.V. (Qualitätsbezogene Kosten) (2015), S. 21f.

[262] Vgl. Horsch, J. (Kostenrechnung) (2015), S. 46.

Prüfmitteln/ -maschinen keine Materialkosten im klassischen Sinne entstehen, werden neben den genannten Kostenarten noch die Kosten für die Instandhaltung und die Raumkosten der Prüfmaschine berücksichtigt.

Für die Qualitätsprüfkosten des Prüfmittels j wird definiert:

$$K_{QPM,j} = t_{nutz,j} \cdot \left(k_{Mas,j} + k_{Pers,j}\right) \quad \text{Gl. 4-44}$$

$$t_{nutz,j} = t_{vges,j} + t_{fix,j} \quad \text{Gl. 4-45}$$

$K_{QPM,j}$: Qualitätsprüfkosten des Prüfmittels j pro Bauteil

$t_{nutz,j}$: Gesamtnutzungsdauer des Prüfmittels j

$k_{Mas,j}$: Maschinenstundensatz des Prüfmittels j

$k_{Pers,j}$: Personalstundensatz für das Prüfmittels j

$t_{vges,j}$: Gesamte variable Nutzungsdauer des Prüfmittels j

$t_{fix,j}$: Fixzeit des Prüfmittels j

Für eine Vielzahl der eingeführten Parameter wie beispielsweise die Zeiten t_{fix} und $t_{variabel}$ existieren keine allgemeingültigen Richtwerte, da es zahlreiche Einflussgrößen wie etwa Prüfmittel, Prüfer bzw. Prüfmittelbediener und zu prüfendes Merkmal gibt. Darüber hinaus sind diese Kosten unternehmens- bzw. produktspezifisch. Somit müssen diese Parameter in der Regel für jeden Einzelfall neu bestimmt werden.

Berechnung des Maschinenstundensatzes $k_{Mas,j}$

Der Maschinenstundensatz $k_{Mas,j}$ errechnet sich aus den kalkulatorischen Abschreibungen, dem kalkulatorischen Zins, den Instandhaltungskosten, den Raumkosten und den Energiekosten. Diese ergeben sich aus den folgenden Gleichungen[263]:

$$k_{Mas,j} = k_{Abs,j} + k_{Zins,j} + k_{Inst,j} + k_{Raum,j} + k_{Ener,j} \quad \text{Gl. 4-46}$$

$k_{Mas,j}$: Maschinenstundensatz des Prüfmittels j

$$k_{Abs,j} = \frac{Abschreibungsbetrag\ pro\ Jahr}{Maschinenstunden\ im\ Jahr} \quad \text{Gl. 4-47}$$

$k_{Abs,j}$: kalkulatorische Abschreibung des Prüfmittels j pro Maschinenstunde

$$k_{Zins,j} = \frac{durchschnittlich\ gebundenes\ Kapital \cdot Zinssatz}{Maschinenstunden\ im\ Jahr} \quad \text{Gl. 4-48}$$

[263] Vgl. ebenda (Kostenrechnung) (2015), S. 140.

$k_{Zins,j}$: kalkulatorische Zinsen des Prüfmittels j pro Maschinenstunde

$$k_{Inst,j} = \frac{gesamte\ Instandhaltungskosten\ pro\ Jahr}{Maschinenstunden\ im\ Jahr} \quad \text{Gl. 4-49}$$

$k_{Inst,j}$: Instandhaltungskosten des Prüfmittels j pro Maschinenstunde

$$k_{Raum,j} = \frac{Raumbedarf \cdot Raumkostensatz}{Maschinenstunden\ im\ Jahr} \quad \text{Gl. 4-50}$$

$k_{Raum,j}$: Raumkosten des Prüfmittels j pro Maschinenstunde

$$k_{Ener,j} = \frac{Energieverbrauch \cdot Strompreis\ (Euro/\ kWh)}{Maschinenstunden\ im\ Jahr} \quad \text{Gl. 4-51}$$

$k_{Ener,j}$: Energiekosten des Prüfmittels j pro Maschinenstunde

Weitere Einflüsse wie beispielsweise Kosten für Versicherungen werden im weiteren Verlauf nicht berücksichtigt.

Berechnung des Personalstundensatz k_{Pers}

Der Personalstundensatz k_{Pers} für das Prüfmittels j lässt sich anhand der Personalkosten $W_{Personal}$ und der produktiven Arbeitsstunden pro Jahr t_{prod} berechnen. Bei den Personalkosten wird zwischen den Kosten des Direktentgelts (z.B. Löhne und Gehälter) und den Personalzusatzkosten (z.B. gesetzliche Sozialleistungen wie Rentenversicherung) unterschieden.[264] Damit ergibt sich:

$$k_{Pers} = \frac{W_{Pers}}{t_{prod}} \quad \text{Gl. 4-52}$$

$$t_{prod} = d_{prod} \cdot t_{tägl} \quad \text{Gl. 4-53}$$

k_{Pers}: Personalstundensatz

W_{Pers}: Personalkosten pro Jahr

t_{prod}: produktive Arbeitsstunden pro Jahr

d_{prod}: produktive Arbeitstage pro Jahr

$t_{tägl}$: Arbeitsstunden pro Tag

Anhand der Prüfzeiten des Prüfmittels j lassen sich die anfallenden Kosten bestimmen. Dazu werden die fixen Zeiten $t_{fix,j}$ und die variablen Zeiten $t_{vges,j}$ bestimmt. Dabei handelt es sich bei den Zeiten $t_{fix,j}$ um den Zeitaufwand für einmalig durchzuführende Aktivitäten wie Einspannen und Ausrichten

[264] Vgl. ebenda (Kostenrechnung) (2015), S. 58.

von Sensoren und bei den Zeiten $t_{vges,j}$ um den Zeitaufwand für den eigentlichen Prüfvorgang mit dem Prüfmittel j, wie das Anlegen des Prüfmittels und das Ablesen des Messwertes zur Prüfung eines einzelnen Merkmals.

Nach dem Einsetzen der Gl. 4-45, Gl. 4-46 und Gl. 4-52 in Gl. 4-44 ergibt sich folgende Gleichung:

$$K_{QPM,j} = \left(t_{vges,j} + t_{fix,j}\right) \cdot \left(k_{Abs,j} + k_{Zins,j} + k_{Inst,j} + k_{Raum,j} + k_{Ener,j} + \frac{W_{Pers}}{t_{prod}}\right) \quad \text{Gl. 4-54}$$

Es folgt für die Gesamtqualitätsprüfkosten $K_{QPS,s}$ des Prüfszenarios s pro Bauteil:

$$K_{QPS,s} = \sum K_{QPM,j} \quad \text{Gl. 4-55}$$

Damit ergibt sich für die gesamten Qualitätsprüfkosten $K_{GP,s}$ des Prüfszenarios s für n betrachtete Bauteile:

$$K_{GF,s} = n \cdot K_{QPS,s} \quad \text{Gl. 4-56}$$

Somit wurde gezeigt, wie sich die gesamten Qualitätsprüfkosten des Prüfszenarios s berechnen lassen.

4.5.3 Schritt 3.3: Wirtschaftlichkeit der Prüfungen bewerten

Wenn es sich bei dem betrachteten Bauteil nicht um ein sicherheitskritisches Bauteil handelt, das besonderen Restriktionen und Vorgaben seitens des Gesetzgebers unterworfen ist, lässt sich eine allgemeine Wirtschaftlichkeitsabschätzung der Prüfungen durchführen. Der Kostensatz k_a, den ein Schlechtteil verursacht, welches zum Kunden gelangt, dient als erster Indikator für die Wirtschaftlichkeit von Qualitätsprüfungen insgesamt. Damit lässt sich bestimmen, ab welcher Höhe des Kostensatzes k_a sich Qualitätsprüfungen wirtschaftlich auszahlen. Dies ist jedoch nur eine erste vorsichtige Näherung, da sich fehlerhafte Produkte, welche den Kunden erreichen, auf vielfältige Weise auch auf zukünftige Geschäftsbeziehungen auswirken können und die Reputation eines Unternehmens beschädigen können. Diese möglichen Folgen sind in dieser Kostenrechnung nicht berücksichtigt, da sie sich nur sehr schwer beziffern lassen.

Unter der idealisierten Annahme das sämtliche Endprüfungen entfallen, folgt bei diesem Prüfszenario m für die Qualitätskosten $K_{GQ,m}$:

$$K_{GQ,m} = p \cdot k_a \quad \text{Gl. 4-57}$$

p: Anteil der produzierten Schlechtteile

k_a: Kostensatz durch Schlechtteil beim Kunden

Damit sich Prüfungen wirtschaftlich auszahlen, müssen die Gesamtkosten ohne Prüfungen die Gesamtkosten mit Prüfungen übersteigen.

$$K_{GQ,m} > K_{GQ,s} \qquad \text{Gl. 4-58}$$

Damit ergibt sich durch Einsetzen von Gl. 4-57 und Gl. 4-22 folgende Gleichung:

$$\begin{aligned} p \cdot k_a > \alpha(1-p)\,k_g + w(1-\beta)p\,k_b + (1-w)(1-\beta)p\,(k_b + k_s) \\ + p\beta\,k_a + K_{GP,s} \end{aligned} \qquad \text{Gl. 4-59}$$

Es folgt nach dem Auflösen nach k_a:

$$k_a > \frac{(1-p)\,k_g + w(1-\beta)p\,k_b + (1-w)(1-\beta)p\,(k_b + k_s) + K_{GP,s}}{p \cdot (1-\beta)} \qquad \text{Gl. 4-60}$$

$$k_a > wk_b + (1-w)(k_b + k_s) + \frac{(1-p)\,k_g + K_{GP,s}}{p \cdot (1-\beta)} \qquad \text{Gl. 4-61}$$

$$k_a > k_b + (1-w)k_s + \frac{(1-p)\,k_g + K_{GP,s}}{p \cdot (1-\beta)} \qquad \text{Gl. 4-62}$$

Anhand von Gleichung Gl. 4-62 lässt sich nun näherungsweise eine untere Grenze des Kostensatzes k_a berechnen, den ein Schlechtteil verursachen darf, das zum Kunden gelangt. An der unteren Grenze stimmen die Qualitätskosten mit und ohne Prüfungen überein. Insgesamt lassen sich die Folgekosten der Lieferung von Schlechtteilen an den Kunden insbesondere bei kritischen Bauteilen jedoch nur sehr schwer abschätzen, sodass diese möglichst komplett vermieden werden sollten.

4.6 Zusammenfassung der Methodik

In Abbildung 4-18 sind die 3 Phasen der Methodik zur Bestimmung der Qualitätskosten übersichtlich dargestellt. In Phase 1 werden zunächst die Prüfmerkmale identifiziert. Dazu werden die Prüfmerkmale in Schritt 1.1 aus der FMEA abgeleitet und in Schritt 1.2 basierend auf der Risikomatrix und der eingeführten Kennzahl Prüfnotwendigkeit priorisiert.

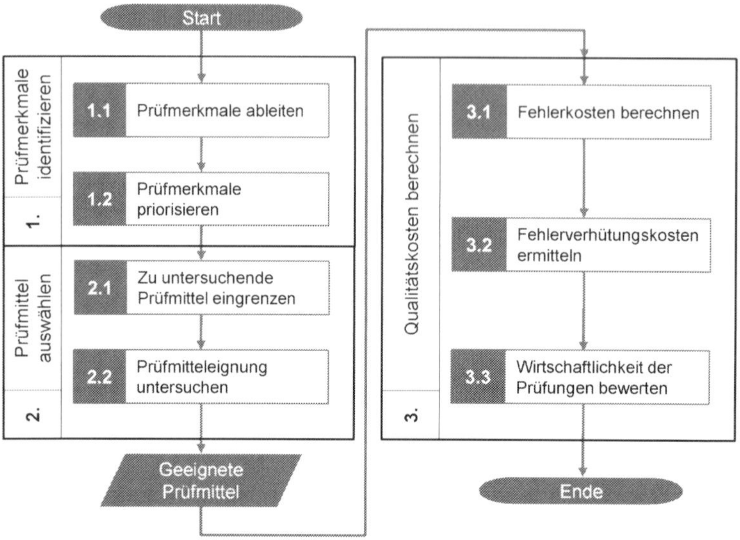

Abbildung 4-18: Strukturgebende Phasen und Schritte der Methodik

In Phase 2 werden geeignete Prüfmittel für die priorisierten Prüfmerkmale ausgewählt. In Schritt 2.1 werden dafür zunächst anhand von unterschiedlichen Faktoren und Kriterien potenzielle Standardprüfmittel qualitativ durch erfahrenes Personal vorausgewählt. Für die ausgewählten potenziellen Prüfmittel wird dann eine erste Eignungsprüfung anhand der zwei Bedingungen Auflösung des Prüfmittels und Unsicherheit des Prüfmittels unter Laborbedingungen durchgeführt, sodass eine Vorauswahl geeigneter Prüfmittel vorliegt.

In Phase 3 wird das Kostenmodell hergeleitet und die Qualitätskosten werden berechnet. Dazu werden zunächst in Schritt 3.1 die Kostenkategorien der Fehlerkosten und in Schritt 3.2 die Kostenkategorien der Fehlerverhütungskosten hergeleitet. Im abschließenden Schritt 3.3 wird dann die Wirtschaftlichkeit von Prüfungen bewertet, indem ein Vergleich mit den Kosten vorgenommen wird, die ein Schlechtteil verursacht, welches den Kunden erreicht.

Insgesamt wird ersichtlich, dass für die Anwendung der Methodik trotz der Eingrenzung der berücksichtigten Kostenkategorien eine Vielzahl an Parametern zu ermitteln ist, um eine Berechnung der Qualitätskosten vornehmen zu können. Einige Parameter müssen aus unterschiedlichen Abteilungen (wie z.B. Controlling, Produktion) beschafft werden. Andere Parameter lassen sich wiederum nur experimentell bestimmen oder abschätzen – insbesondere, wenn kaum Erfahrungswerte vorliegen, wie z.B. bei neuartigen Prototypen für die Kleinserie. Einige dieser Parameter wurden in den Kapiteln 4.5.1.2.1 und 4.5.1.2.2 weiter ausdifferenziert mit dem Ziel, die Genauigkeit des Kostenmodells zu erhöhen und damit Unsicherheiten in der Berechnung zu reduzieren.

5 Validierung der Methodik

In der Forschungsmethodik nach ULRICH ist eine Prüfung der entwickelten Modelle im Anwendungszusammenhang erforderlich. Diese Prüfung des Modells der Qualitätskosten erfolgt in diesem Kapitel anhand einer Komponente für einen Prototypfrontscheinwerfer. Als Hypothese wird dabei angenommen, dass sich das entwickelte Modell auf die Herstellung und Prüfung realer Bauteile anwenden lässt. Eine Gültigkeit der Hypothese ist so lange gegeben, wie die Anwendungsfälle diese bestätigen.

In den Kapiteln 5.1 und 5.2 werden zunächst die Module 1 und 2 anhand von zwei Fallbeispielen validiert. Das in Kapitel 4.5.1.2.1 beschriebene Modul 1 zur Ermittlung der Bauteilkosten wird in Kapitel 5.1 am Fallbeispiel einer additiv gefertigten Roboterkomponente angewendet. Bei Modul 2 aus Kapitel 4.5.1.2.2 zur Bestimmung der Messunsicherheit und der α- und β-Fehler erfolgt die Anwendung bei additiv gefertigten Probekörpern mit einfacher Geometrie, d.h. in diesem Fall bei additiv gefertigten Würfeln, in Kapitel 5.2.

In den folgenden Unterkapiteln wird die gesamte Methodik zur Bestimmung der Qualitätskosten inklusive der Module anhand einer Komponente für einen Prototypfrontscheinwerfer validiert. Nach der Einführung in das Fallbeispiel des Prototypfrontscheinwerfers für Crash-Versuche in Kapitel 5.3 wird die in Kapitel 4 entwickelte Methodik in Kapitel 5.4 auf das Fallbeispiel angewendet.

5.1 Fallbeispiel zu den Bauteilkosten (Modul 1)

Nachfolgend wird die Validierung des Moduls 1 zur Ermittlung der Bauteilkosten durchgeführt. Es wird beschrieben, wie sich mit dem in Kapitel 4.5.1.2.1 entwickelten Modell eine Kostenschätzung eines Prozessprototyps vornehmen lässt. Dadurch soll insbesondere die Prognosequalität des Softwaretools in Excel hinsichtlich der Ermittlung der Bauzeit und des Werkstoffbedarfs nachgewiesen werden. Als Fallbeispiel wird eine additiv gefertigte Komponente gewählt.

5.1.1 Vorstellung der Einzelteile und der getroffenen Annahmen

In dieser Fallstudie werden einzelne additiv gefertigte Komponenten eines Palettierroboters[265] im Prototypenstadium betrachtet, wie in Abbildung 5-1 dargestellt. Der Prototyp im Maßstab 1:10 dient lediglich zur Erprobung der Steuerungssoftware, d.h. es treten nur sehr geringe mechanische Belastungen auf. Daher können sämtliche Komponenten aus Kunststoff gefertigt werden. Der Prototyp besteht auf der ersten Produktebene aus den fünf Baugruppen Arm, Schwinge, Plattform für Steuerung, Karussell und Grundgestell, welche in Abbildung 5-1 graphisch markiert sind. Es lässt sich eine weitere Einteilung in Unterbaugruppen auf der zweiten Produktebene vornehmen. So wird der Arm beispielsweise in die Hand, das Armgestänge links und das Armgestänge rechts unterteilt.

[265] Der CAD-Datensatz des Roboters mit der Bezeichnung „Lite Arm i2" wurde kostenfrei auf der online Plattform „Thingiverse" bereitgestellt. (siehe Armatec (Open Source Robotic Arm (Lite Arm i2)) (2014))

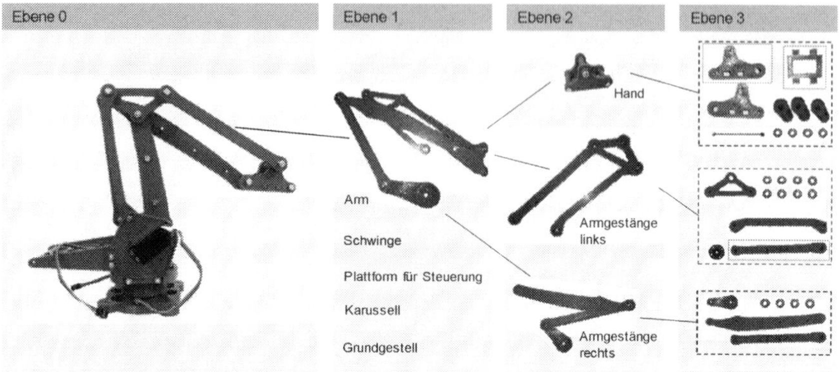

Abbildung 5-1: Komponenten des Roboterarms

Auf der Produktebene 3 sind die Einzelteile orange umrandet, für welche nachfolgend die Kosten ermittelt werden. Um eine einfache Anwendbarkeit des vorgestellten Modells trotz der gegebenen Komplexität zu gewährleiten, wird die Berechnung mit einem Excel basierten Softwaretool durchgeführt.

Das Berechnungstool ermittelt die Baukosten für das SLS- oder das FDM-Verfahren basierend auf der STL-Datei. Bei gleichzeitiger additiver Fertigung mehrerer Komponenten wird außerdem der Gemeinkostenanteil über einen Faktor berücksichtigt, sodass die Bauzyklus-Gemeinkosten in die Preiskalkulation mit einfließen. Darüber hinaus werden für die Berechnung folgende Annahmen getroffen:

- Die Prototypen werden in der Werkstatt der Entwicklungsabteilung hergestellt. In dieser Werkstatt sind drei Mitarbeiter mit unterschiedlichen Stundensätzen beschäftigt. Genauere Angaben zu den Stundensätzen und zu den angenommenen Maschinen-, Strom- und Gebäudekosten usw. sind im Anhang A.2 aufgeführt.
- Eine Fehlerfortpflanzung entlang der relativ kurzen Technologiekette zur Prototypherstellung, welche im Wesentlichen aus den Teilprozessen Drucken und Nachbearbeiten besteht, wird vernachlässigt. Basierend auf Erfahrungswerten von interviewten Dienstleitern und Anwendern aus dem Mittelstand wird mit einer Ausschussrate in Höhe von 2% gerechnet.
- Bei der Berechnung wird der Einsatz eines „Ultimakers 2+“ angenommen. Die für die Berechnungen verwendeten Prozessparameter sind im Anhang A.6 aufgelistet.

Um mit dem Berechnungsmodel eine detaillierte Kostenkalkulation vornehmen zu können, sind insbesondere die zentralen Kostentreiber Materialverbrauch und Druckzeit mit einer hohen Genauigkeit zu ermitteln.

5.1.2 Validierung des berechneten Materialeinsatzes und der Druckzeit

Daher erfolgt in diesem Kapitel eine Validierung genau dieser beiden Parameter am Beispiel des Fused Deposition Modeling (FDM) Verfahrens. Dazu wurden Komponenten des beschriebenen Roboters mit dem FDM-Drucker „Ultimaker 2+“ gedruckt und die Ergebnisse mit den Berechnungen verglichen. Die Einstellungen des Druckers entsprachen dabei den gewählten Berechnungsparametern im Kostenmodell.

In Abbildung 5-2 sind die prognostizierten und die tatsächlichen Gewichte der FDM-Beispielbauteile sowie zweier weiterer Bauteile (Hauptbalken und Strebe) aufgeführt.

Bauteil	Hauptbalken (Nr. 21b) 230 mm	Strebe (Nr. 15b) 178 mm	Hebelbalken (Nr. 14B) 83 mm	Seitenteil Hand (Nr. 22a) 70 mm	Palette (Nr. 23) 34 mm
Tatsächliche Werte	16 g	9 g	8 g	5 g	3 g
Prognose des Tools	18 g	9 g	9 g	6 g	4 g
Abweichungen	+13%	0%	+13%	+20%	+33%

Abbildung 5-2: Prognostizierte und tatsächliche Masse der FDM-Beispielbauteile

Das vom entwickelten Tool prognostizierten Bauteilgewicht weist Abweichungen auf, die jedoch für eine erste Kostenabschätzung akzeptabel sind. Insbesondere bei den kleineren FDM-Beispielbauteilen wie dem Seitenteil Hand und der Palette errechnet das Kostentool jedoch ein Bauteilgewicht, welches den tatsächlichen Wert übersteigt. Es wird vermutet, dass das Kostentool den Anteil des Außenvolumens gegenüber dem Innenvolumen leicht zu hoch einschätzt: Aufgrund der größeren Materialdichte des Außenvolumens gegenüber dem Innenvolumen führt dies zu einer Überhöhung des prognostizierten Wertes. Außerdem wirkt sich diese Abweichung bei Bauteilen mit einem großen Verhältnis von Außen- zu Innenvolumen - wie bei der Palette - besonders stark aus.

Da die Bauzeit einen wichtigen Kostentreiber für die Gesamtkosten des additiv gefertigten Bauteils darstellt, ist eine genaue Abschätzung durch das Tool von besonderer Bedeutung für die Ergebnisqualität der Kostenschätzung. Bei der Gegenüberstellung der prognostizierten und der tatsächlichen Druckzeit in Abbildung 5-3 zeigt sich, dass die Prognosequalität des Tools bei kleinen Komponenten mit komplexer Geometrie stärker vom tatsächlichen Wert abzuweichen scheint als bei größeren weniger komplexen Bauteilen.

Bauteil	Hauptbalken (Nr. 21b)	Strebe (Nr. 15b)	Hebelbalken (Nr. 14B)	Seitenteil Hand (Nr. 22a)	Palette (Nr. 23)
Tatsächliche Werte	01:05 h	00:40 h	00:43 h	00:28 h	00:17 h
Prognose des Tools	01:03 h	00:40 h	00:40 h	00:29 h	00:23 h
Abweichungen	-3%	0%	-7%	+4%	+35%

Abbildung 5-3: Prognostizierte und tatsächliche Druckzeit der FDM-Beispielbauteile

Bei sehr kleinen Bauteilen legen die Beispiele zudem nahe, dass die Druckzeit zu hoch eingeschätzt wird. Bei größeren Bauteilen hingegen wird die Druckzeit eher als zu gering eingeschätzt. Auf Grund der kleinen Stichprobe können die genauen Ursachen für die Abweichungen jedoch nicht benannt werden. Insgesamt reicht die Prognosequalität jedoch aus für eine grobe Abschätzung der Herstellungskosten.

Damit sind die Modelle zur Ermittlung des Materialverbrauches und der Druckzeit validiert. Es konnte anhand von Bauteilen, welche mit dem FDM-Verfahren hergestellt wurden, nachgewiesen werden, dass das entwickelte Modell eine ausreichende Prognosequalität für eine erste Abschätzung des Materialverbrauchs und der Druckzeit besitzt.

5.1.3 Kostenanalyse und Identifikation von Einsparpotentialen

In diesem Unterkapitel wird anhand konkreter Beispielbauteile eine Kostenanalyse durchgeführt. Es soll dargelegt werden, wie sich der Herstellungspreis der Einzelteile zusammensetzt. In Abbildung 5-4 sind die zu analysierenden und mit dem FDM-Verfahren hergestellten Beispielbauteile abgebildet, welche einer Kostenanalyse unterzogen werden.

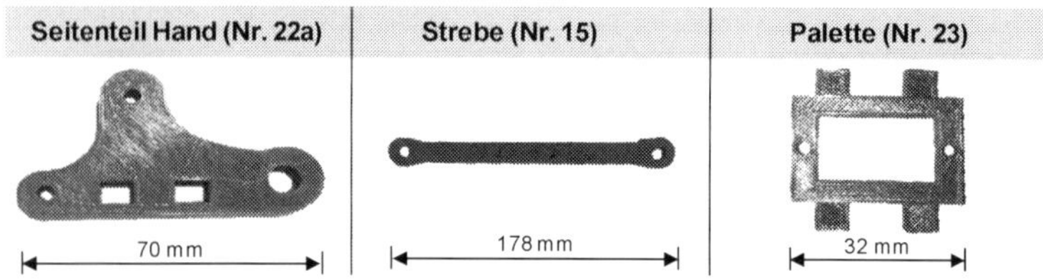

Abbildung 5-4: Analysierte Einzelteile des Roboters

In Abbildung 5-5 ist die Kostenstruktur der in Abbildung 5-4 dargestellten Komponenten abgebildet. Aus dem Balkendiagramm geht hervor, dass der größte Anteil der Kosten auf die Personalkosten entfällt. Sie umfassen etwa 84% bis 86% der gesamten Herstellungskosten. In der Kalkulation wird von 20% Personalintensität ausgegangen.

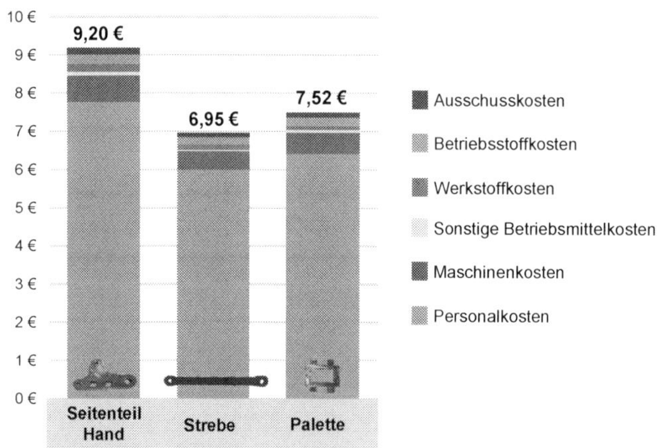

Abbildung 5-5: Kostenstruktur der betrachteten Komponenten

Die Bauteilerstellung besteht aus drei Schritten Vorbereitung/ Planung des Druckes, der Herstellung des Bauteils im 3D-Drucker und der Nachbearbeitung des Bauteils. Ausschlaggebend für die Personalkosten sind der Stundensatz des Mitarbeiters (hier 62,50 €/h), der Gemeinkostenanteil (hier 10%) und der Intensitätsfaktor. Der Intensitätsfaktor beschreibt, wie lange die Zeit bezogen auf die gesamte Prozesszeit ist, in der ein Mitarbeiter am Prozess mitarbeitet. Der Intensitätsfaktor reduziert sich von 100% während der Druckvorbereitung auf 20% während des Herstellprozesses. Bei der Vorkalkulation wurde ein sequentieller Druck der einzelnen Bauteile angenommen.

Potentiale für eine Optimierungen der Bauteilkosten

Bei einer Halbierung des Beaufsichtigungsaufwands durch den Mitarbeiter während des Druckprozesses von einem Intensitätsfaktor in Höhe von 20% auf 10%, würden sich die gesamten Herstellungskosten um etwa 35% reduzieren. Bei einem sehr gut konfigurierten Drucker und einem qualifizierten Mitarbeiter scheint eine Absenkung auf 10% realistisch zu sein.

Ein weiterer Hebel für Einsparungen ergibt sich durch eine Verringerung der anfallenden Prozesszeiten, da ein sehr hoher Anteil der Kosten linear von der Zeit abhängt. Die Bauteile lassen sich jedoch auch gleichzeitig drucken, sofern der Druckbereich des 3D-Druckers eine ausreichende Größe besitzt. Dadurch lassen sich Gemeinzeiten wie das Erhitzen der Bauplatte und das Verfahren des Druckkopfes in z-Richtung reduzieren, da diese Aktivitäten dann nicht einzeln für jedes Bauteil durchgeführt werden müssen. Erste Schätzungen haben ergeben, dass sich die Herstellungskosten um ca. 20% reduzieren, wenn die Bauteile gleichzeitig in einem Bauraum des Druckers gedruckt werden.

5.1.4 Fazit des Fallbeispiels zu Modul 1

Anhand eines konkreten Anwendungsbeispiels wurde das Kostenmodell für die Herstellkosten eines additiv gefertigten Bauteils aus Kapitel 4.5.1.2.1 durch die wichtigsten Einflussparameter Druckprozesszeit und Bauteilgewicht validiert. Dabei wurde von dem CAD-Datenmodell bzw. der STL-Datei ausgegangen. Es zeigte sich, dass sich das Berechnungstool für die Abschätzung beider Einflussparameter, Bauteilgewicht und Druckprozesszeit, trotz gewisser Abweichungen eignet.

Aus der mit dem Berechnungstool darüber hinaus durchgeführten Kostenmodellierung ergab sich eine Kostenstruktur der drei berechneten Komponenten. Die Personalkosten besaßen jeweils den mit Abstand größten Einfluss auf die Gesamtkosten der einzelnen Komponenten. Durch die hergestellte Kostentransparenz eröffnet das Kostentool die Möglichkeit durch die Variation einzelner Parameter gezielt konkrete Potenziale für Kostensenkungen zu ermitteln. Beispielsweise lassen sich auf Grund des großen Einflusses der Personalkosten durch die Senkung der angesetzten Personalintensität und der Druckzeit durch den parallelen Druck von Bauteilen erhebliche Einsparungen erzielen.

Insgesamt bleibt festzuhalten, dass das Berechnungsmodell zur Kostenabschätzung und -analyse von additiv gefertigten Bauteilen und Prototypen verwendet werden kann.

5.2 Fallbeispiel zu Modul 2 mit Probekörpern

In diesem Kapitel wird das Modul 2, welches in Kapitel 4.5.1.2.2 hergeleitet wurde, anhand eines konkreten Fallbeispiels validiert. Anhand realer Unsicherheiten additiv gefertigter Bauteile mit resultierenden α- und β-Fehlern ist zu zeigen, dass das Ergebnis des Berechnungsmodells in Matlab aus Kapitel 4.5.1.2.2.1 mit den real ermittelten Messdaten übereinstimmt. Darüber hinaus sollen durch dieses Fallbeispiel die Genauigkeiten der geometrischen Abmessungen von Bauteilen aus handelsüblichen 3D-Druckern ermittelt werden, um einen Hinweis auf die Eignung als Prozessprototyp zu erhalten.

Nachdem das FDM-Verfahren zur additiven Herstellung von Bauteilen bereits in Kapitel 2.3.3 vorgestellt wurde, folgt in diesem Kapitel zunächst eine Vorstellung der zu messenden Probekörper. Danach werden die verwendeten Messmittel – Messschieber und KMG – sowie die Vorgehensweise bei der Anwendung der Messmittel beschrieben. Nach der Durchführung der Messungen werden die Ergebnisse analysiert und die Validierung wird abgeschlossen.

5.2.1 Auswahl der Probekörper

Als Form des Probekörpers wird ein Würfel gewählt. Die Abmessungen orientieren sich an den Allgemeintoleranzen für Längenmaße nach der DIN ISO 2768-1 (siehe Tabelle 5-1)[266]. Die Toleranzen sind in vier Klassen unterteilt: f (fein), m (mittel), c (grob) und v (sehr grob). Anhand der Toleranzklassen werden die jeweiligen werkstattüblichen Genauigkeiten abgebildet. Diese Toleranzklassen sollen nachfolgend für die additiv gefertigten Komponenten gelten.

Tabelle 5-1: Grenzabmaße für Längenmaße (in mm)[267]

Grenzabmaße für Nennmaßbereich (in mm)	**Toleranzklasse**			
	f (fein)	**m (mittel)**	**c (grob)**	**v (sehr grob)**
von 0,5 bis 3	±0,05	±0,1	±0,2	-
über 3 bis 6	±0,05	±0,1	±0,3	±0,5
über 6 bis 30	±0,1	±0,2	±0,5	±1
über 30 bis 120	±0,15	±0,3	±0,8	±1,5
über 120 bis 400	±0,2	±0,5	±1,2	±2,5

Bei der Festlegung der Abmessungen der würfelförmigen Probekörper sollen möglichst viele Nennmaßbereiche aus der DIN ISO 2768-1 berücksichtigt werden (siehe Tabelle 5-1). Da die Nennmaßbereiche über 400mm den Bauraum des verwendeten 3D-Druckers weit übersteigen, werden diese Nennmaßbereiche nicht berücksichtigt.

266 Vgl. DIN ISO (Allgemeintoleranzen) (1991), S. 3.

267 Vgl. ebenda (Allgemeintoleranzen) (1991), S. 3.

Unter Berücksichtigung des begrenzten Messbereichs des eingesetzten Messschiebers und des begrenzten Bauraums des 3D-Druckers sowie der langen Herstellungsdauer bei der additiven Fertigung wird ein maximales Nennmaß für die Kantenlänge des Probekörpers in Höhe von 150mm festgelegt.

In Vorversuchen mit dem verwendeten 3D-Drucker hat sich herausgestellt, dass sich ein Würfel aus dem Toleranzbereich 0 bis 3mm nicht reproduzierbar herstellen lässt. Dies führt zu einem minimalen Nennmaß in Höhe von 3mm.

Da die kleinen bis mittleren Nennmaßbereiche zusätzlich unterteilt werden sollen, wird für die weitere Unterteilung jeweils der mittlere Wert der Nennmaßbereiche der Grundtoleranzen gemäß DIN ISO 281-1[268] gewählt. Somit ergeben sich folgende Nennmaße für die Kantenlänge des würfelförmigen Probekörpers:

4,5mm, 8mm, 14mm, 24mm, 40mm, 65mm, 100mm und 150mm.

In Abbildung 5-6 sind die unterschiedlichen additiv hergestellten Probekörper abgebildet. In der Abbildung links ist die Variante des Probekörpers klassischer Würfel dargestellt. Er wird in unterschiedlichen Größen, d.h. mit den Abmessungen 4,5mm, 8mm, 14mm, 24mm, 40mm und 65mm hergestellt. Bei den Abmessungen 100mm und 150mm wurde als Probekörper eine Art orthogonales Dreibein gewählt (siehe Abbildung 5-6 rechts), um die Herstellungszeit erheblich zu reduzieren. Die Schenkel des Probekörpers besitzen einen Querschnitt mit den Abmessungen 20x20mm und jeweils die Länge 100mm bzw. 150mm. Ähnliche Probekörper wurden beispielsweise in einer wissenschaftlichen Arbeit von P. MOGNOL[269] verwendet.

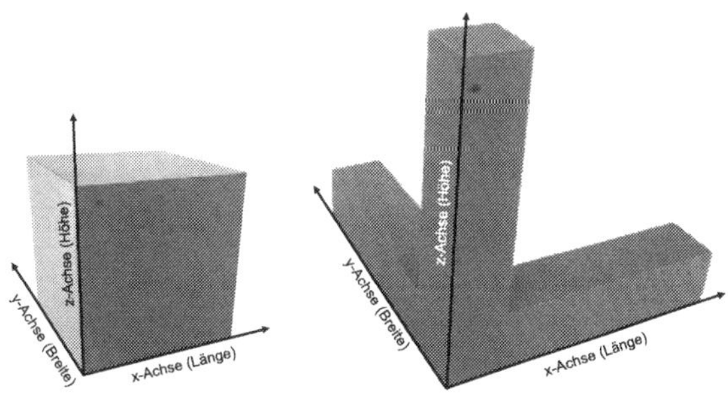

Abbildung 5-6: Geometrie der Probekörper

Bis zur Abmessung 40mm (4,5mm, 8mm, 14mm, 24mm, 40mm) werden jeweils sechs Probekörper gedruckt. Bei den Abmessungen 65mm, 100mm und 150mm werden jeweils zwei Probekörper erzeugt. Bei keinem der Probekörper wird eine Nachbearbeitung nach dem additiven Produktionsprozess durchgeführt.

268 Vgl. ISO 286-1:2010 (E) (Geometrical product specifications (GPS) — ISO code system for tolerances on linear sizes- Basis of tolerances, deviations and fits) (2010), S. 20-25.

269 Vgl. Mognol, P.; Lepicart, D.; Perry, N. (Rapid prototyping) (2006), S. 27.

5.2.2 Herstellung der Probekörper

Sämtliche Probekörper werden nach dem FDM-Verfahren hergestellt (siehe Kapitel 2.3.3.1). Beim FDM-Verfahren wird das Baumaterial durch eine erhitzte Düse strangförmig abgelegt und so das Bauteil in Schichten aufgebaut. Für die Herstellung wird der 3D-Drucker "Ultimaker 2 Extended" eingesetzt. Die technischen Daten des verwendeten 3D-Druckers "Ultimaker 2 Extended"[270] sind im Anhang A.6 in Tabelle 6-3 aufgelistet. Durch zahlreiche Vorversuche mit unterschiedlichen Maschineneinstellungen wurden darüber hinaus die optimalen Maschinenparameter identifiziert (siehe Anhang A.6 in Tabelle 6-4). Für alle Probekörper, welche nach dem FDM-Verfahren hergestellt werden, wird als Druckmaterial Filament mit einem Durchmesser von 1,75mm bestehend aus PLA gewählt und es wird jeweils nur ein Probekörper pro Druckvorgang hergestellt.

5.2.3 Auswahl des verwendeten Messmittels

Als Messmittel werden ein Messschieber und ein Koordinatenmessgerät (KMG) gewählt, da beide Messmittel unterschiedliche Genauigkeiten und Kostensätze besitzen und in Forschung und Industrie bei Messaufgaben jeweils sehr verbreitet sind.

5.2.3.1 Verwendeter Messschieber

Als Messschieber wird das Fabrikat „DIGI-MET Taschenmessschieber 1/100 150 x 40mm TM eckig" von der Firma „Helios Preisser" mit einem Messbereich von 150mm und einer Ablesung von 0,01mm verwendet.[271] Darüber hinaus wurde eine Messsystemanalyse nach MSA für die Messaufgabe durchgeführt. Der ermittelte Gage-Repeatability-and-Reproducibility-Wert (%GR&R)[272] ergibt einen Wert in Höhe von 27,71% bei Würfeln mit den Abmessungen 15mm und einen Wert in Höhe von 27,89% für Würfel mit den Abmessungen 20mm. Beide Werte liegen unterhalb des Grenzwertes von 30%. Damit gilt der Messschieber als bedingt geeignet für die Messaufgabe. Im Rahmen der Auswahl wurde für zwei weitere Messschieber eine Messsystemanalyse nach MSA durchgeführt. Der Gage-Repeatability-and-Reproducibility-Wert (%GR&R) dieser Messchieber lag jeweils im Bereich zwischen 40% und 65%. Damit wurden sie als ungeeignet eingestuft und der zuerst genannte Messschieber wurde als Messmittel ausgewählt.

5.2.3.2 Verwendetes Koordinatenmessgerät

Als Koordinatenmessgerät (KMG) wird das „Zeiss PRISMO Navigator S-ACC" eingesetzt. Es besitzt folgenden Messbereich in xyz-Richtung: x=900mm, y=1200mm und z=650mm. Der maximal zulässige

[270] Vgl. Ultimaker (Ultimaker 2 Extended - User Manual - V2.1) (2015), S. 7.

[271] Eine Prüfung des Messschiebers in Anlehnung an die Richtlinie des VDI/ VDE/ DGQ 2618 unter Berücksichtigung der Fehlergrenzen nach DIN 862 ergab keine Auffälligkeiten und wurde vom Hersteller mit einem Prüfzertifikat bescheinigt.

[272] Vgl. Dietrich, E. (Vergleich von MSA und VDA Band 5) (2011), S. 30-34.

Fehler beträgt 0.9 + L/ 350 µm. L beschreibt in diesem Term die mit dem KMG gemessene Länge. Der Scan Speed liegt bei 5mm/s und der Kontaktdruck für die durchgeführten Messungen bei 70 mN.[273]

5.2.4 Vorgehensweise bei der Datenerhebung

Nachfolgend wird das Vorgehen bei den Messungen des Messschiebers und des Koordinatenmessgerätes kurz beschrieben.

5.2.4.1 Messungen mit dem Messschieber

Beim Messschieber wird bei den Messungen aller Probekörper identisch vorgegangen. Bei der Längen- und Breitenmessung (in x- bzw. y-Richtung) werden die Außenmessschenkel so angesetzt, dass sie jeweils senkrecht zu den Schichten verlaufen, aus denen das additiv gefertigte Bauteil besteht. Bei den Messungen wird versucht, jeweils die untersten Schichten des Probekörpers nicht zu berücksichtigen, da zu beobachten ist, dass diese sich verziehen. Dies ist eine Folge der Eigenspannungen im Bauteil, die sich durch das ungleichmäßige Abkühlen des Bauteils ergeben.

5.2.4.2 Messungen mit dem Koordinatenmessgerät

Bei den Messungen mit dem KMG werden in Abhängigkeit von der Größe und der Form des Probekörpers unterschiedliche Einspannungen vorgenommen und verschiedene Messtaster verwendet. Außerdem werden abhängig von den Abmessungen des Probekörpers die Anzahl und die Lage der Messpunkte variiert. So werden für die Probekörper mit den Abmessungen 14mm, 24mm, 40mm und 65mm fünf Messpunkte auf zwei gegenüberliegenden Seiten der würfelförmigen Probekörper definiert. Ein Messpunkt liegt jeweils in der Mitte des Würfels und die übrigen vier Punkte liegen nahe bei den Eckpunkten, wobei sie jeweils einen Offset zu den Eckpunkten aufweisen. Der Offset ist erforderlich, um den Probekörper verlässlich einspannen zu können. Außerdem besitzen die Probekörper gelegentlich im Bereich der Kanten bzw. Ecken geringfügige Verformungen oder kleine fehlerhafte Stellen, die sich durch eine unzureichende Anbindung der Schichten untereinander ergeben können. Eine Beeinträchtigung der Messdaten durch Messungen an diesen kritischen Stellen lässt sich durch einen Messversatz – Offset genannt – reduzieren.

In Abbildung 5-7 links ist die Position der Messpunkte und im rechten Abbildungsteil die dreidimensionale Darstellung mit den verwendeten Variablen dargestellt. Dabei wird durch X_i ein Messpunkt auf der Oberfläche des Würfels an der Stelle $x = 0$ bezeichnet. Mit X_i'' wird der zugehörige Messpunkt auf der gegenüberliegenden Seitenfläche des Würfels bezeichnet.

[273] Aufgrund der begrenzten Verfügbarkeit des KMG wurde keine Messsystemanalyse durchgeführt und es wird unter Berücksichtigung der KMG-Fachkräfte im Messraum die Eignung des KMG vorausgesetzt.

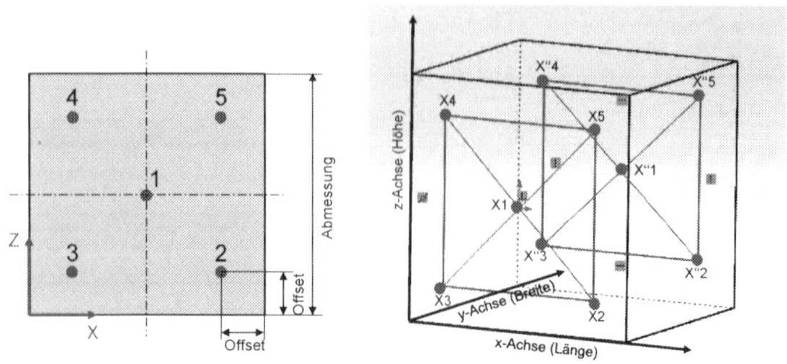

Abbildung 5-7: Position der Messpunkte am würfelförmigen Probekörper

Für jeden würfelförmigen Probekörper wird abhängig von der Größe ein individueller Offset festgelegt. In Tabelle 5-2 sind die Beträge der jeweiligen Offsets bezogen auf die Symmetrieebene angegeben.

Tabelle 5-2: Lage der Messpunkte beim KGM

Abmessung des Würfels (mm)	14	24	40	65
Offset (mm)	2	3	5	10

Anhand der dadurch definierten fünf Messpunkte X_i'' wird mit dem KMG die Ebenheit der jeweiligen Seitenflächen sowie die Parallelität der gegenüberliegenden Flächen zueinander bestimmt.

Bei der Bestimmung der Länge, der Breite und der Höhe werden zwei unterschiedliche Verfahren eingesetzt. Das erste Verfahren wird als Mittelpunktsmessung bezeichnet. Bei diesem Verfahren wird der Abstand zwischen den zwei Mittelpunkten zweier gegenüberliegender Seitenflächen bestimmt.

Bei dem zweiten Verfahren wird basierend auf den durch das KMG gemessenen Punkten auf jeder Seite des würfelförmigen Probekörpers eine Ausgleichsebene gebildet, welche senkrecht zu einer Koordinatenachse steht (siehe Abbildung 5-8). Der Abstand dieser Ebenen entspricht dann der Abmessung des Probekörpers in dieser Koordinatenrichtung.

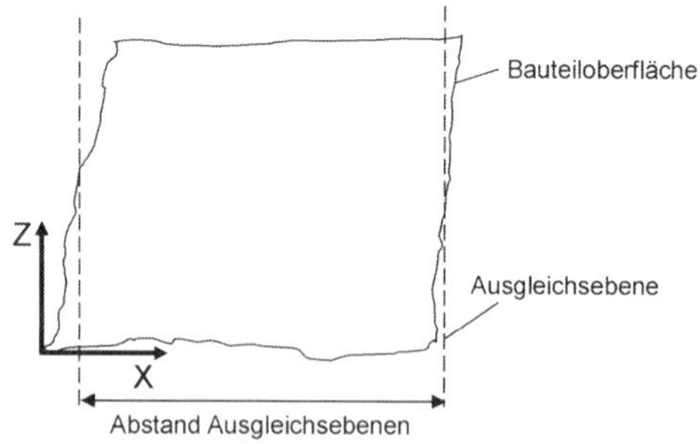

Abbildung 5-8: Bestimmung der Abmessung anhand von Ausgleichsebenen

Bei den kleinen würfelförmigen Probekörpern (4,5mm, 8mm) wird nur das Verfahren der Mittelpunktsmessung angewandt, da eine präzise Messung weiterer Punkte auf einer der Seitenflächen mit einem Offset aufgrund der begrenzten Oberflächengröße mit dem eingesetzten KMG bei einer angemessenen Einspannung nicht möglich ist.

Bei den Dreibeinen mit den Kantenlängen von 100 mm und 150 mm werden die Messpunkte so gesetzt, wie in Abbildung 5-9 dargestellt. Es wird jeweils der Abstand zwischen dem Messpunkt 1 auf der Kopfseite eines Stabes (Abbildung 5-9 links) und der gegenüberliegenden Fläche (Abbildung 5-9 rechts), welche auf der Basis von 20 Messpunkten bestimmt wird, gemessen. Zudem wird die Ebenheit der Fläche ermittelt.

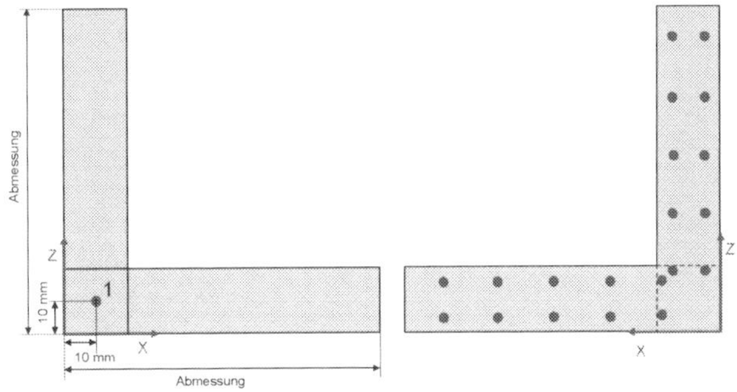

Abbildung 5-9: Position der Messpunkte

Wie in Abbildung 5-10 dargestellt, werden die Probekörper auf dem KMG eingespannt. Dabei wird auf die gute Zuganglichkeit der Messpunkte Acht gegeben und auf ein aufwandsarmes Einspannen, da mehrere Probekörper zu messen sind. Auch eine Beschädigung der Bauteile ist zu vermeiden.

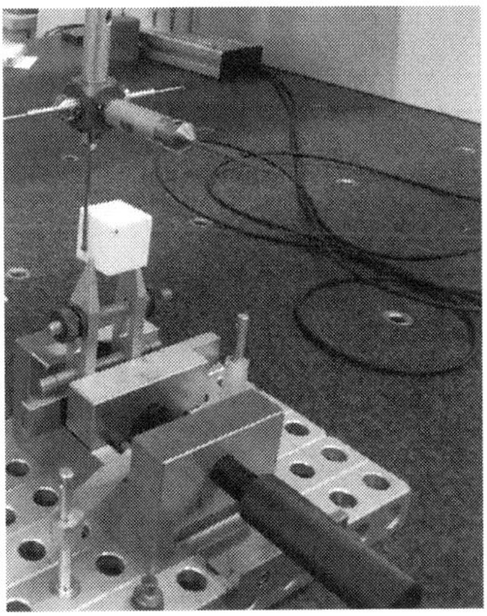

Abbildung 5-10: Einspannung der Probekörper auf dem KMG

Bei den Dreibeinen mit den Kantenlängen 100 mm und 150 mm wird in z-Richtung keine Oberfläche basierend auf den 20 Messpunkten gemessen, da diese aufgrund der Einspannung nicht zugänglich ist. Daher wird für die Messung als Referenz die Oberfläche des Messtisches, auf dem der Probekörper eingespannt ist, verwendet.

5.2.4.3 Durchführung der Messungen

Bei der Messung mit dem Messschieber wird jedes der sechs Probekörper 12 Mal in jede Koordinatenrichtung gemessen. Damit ergeben sich insgesamt 72 Messwerte in jeder Koordinatenrichtung.

Um den Aufwand zu reduzieren, werden bei der Messung mit dem KMG nur die vier FDM-Probekörper mit den Kantenlängen von 4,5mm, 14mm, 24mm und 100mm Maßgruppen gemessen. Damit wird gewährleistet, dass über den gesamten Maßbereich verteilte Messungen durchgeführt werden. Es wird das Prinzip der Mittelpunktsmessung angewendet, d.h. es wird der Abstand zwischen den Mittelpunkten auf den realen Oberflächen von zwei gegenüberliegenden Oberflächen gemessen. Beim KMG werden lediglich sechs Messungen pro Koordinatenrichtung und Probekörper durchgeführt. Bei vier Probekörpern ergeben sich insgesamt 24 Messungen pro Koordinatenrichtung.

5.2.5 Ergebnisse der Messungen

In diesem Kapitel werden die Messergebnisse für beide Messgeräte, Messschieber und KMG, vorgestellt. Im ersten Schritt wird die mittlere Abweichung der nach dem FDM-Verfahren hergestellten Probekörper bestimmt. Zunächst wird als Messmittel der Messschieber und im Anschluss das KMG eingesetzt, sodass auch die Ebenheit der Seitenflächen betrachtet werden kann. Im zweiten Schritt wird für jedes Herstellungsverfahren sowie für sämtliche Abmessungen der Anteil der fehlerhaften Bauteile ermittelt. Zudem wird die Unsicherheit der Messmittel bestimmt. Im Anschluss wird der α-Fehler und der β-Fehler abgeschätzt und es erfolgt eine Validierung der Ergebnisse.

5.2.5.1 Durchschnittliche Abweichung der Probekörper

Bei additiv gefertigten Bauteilen liegen in der Regel Abweichungen in Bezug auf das digitale CAD-Modell vor. Demzufolge treten auch bei den Probekörpern Abweichungen in den unterschiedlichen Koordinatenrichtungen auf. In Abbildung 5-11 ist die mittlere Abweichung entlang der x-, y- und z-Achse über den Probekörpern mit ansteigenden Abmessungen für das FDM-Verfahren aufgetragen.

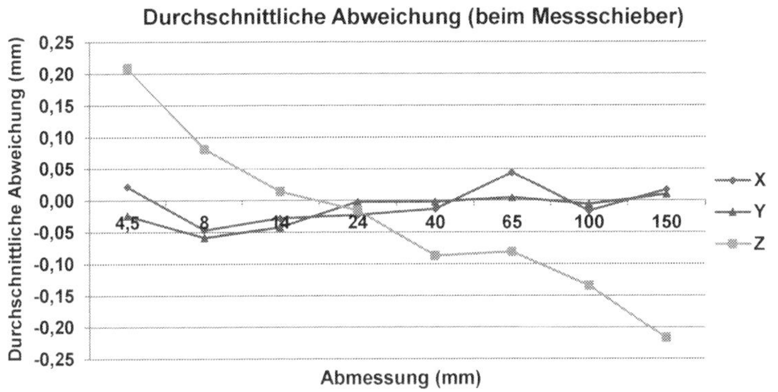

Abbildung 5-11: Mittlere Abweichung der Probekörper hergestellt mit dem FDM-Verfahren und gemessen mit dem Messschieber

Der Verlauf der mittleren Abweichung besitzt für die x- und y-Richtung keine klare Tendenz. Die Abweichungen X, Y in x- und y-Richtung sind jedoch im Vergleich zur Abweichung Z in z-Richtung gering. In z-Richtung ist die mittlere Abweichung Z bei kleinen Abmessungen groß (Δ=0,21mm). Sie sinkt mit steigender Probekörpergröße immer weiter ab und verläuft ab einer Probekörpergröße von 24mm im negativen Bereich. Das Minimum wird bei einer Probekörpergröße von 150mm erreicht (Δ=-0,22mm). Diese großen Abweichungen in z-Richtung sind auf die thermische Dehnung bzw. Schrumpfung der Probekörper bei der Fertigung nach dem FDM-Verfahren zurückzuführen.[274]

In Abbildung 5-12 ist die mittlere Abweichung der nach dem FDM-Verfahren gefertigten und mit dem KMG gemessenen Probekörper dargestellt. Dabei zeigt der linke Graph das Ergebnis der Messung mit dem KMG nach dem Verfahren der Mittelpunktsmessung und der rechte Graph die Ergebnisse der Messung mit den Ausgleichsebenen. Wie in Kapitel 5.2.4.2 beschrieben, wird eine Messung anhand des Abstandes von Ausgleichsebenen erst ab einer Abmessung des Probekörpers von 14mm vorgenommen.

[274] Vgl. Lieneke, T.; et al. (Dimensional tolerances for additive manufacturing: Experimental investigation for Fused Deposition Modeling) (2016).

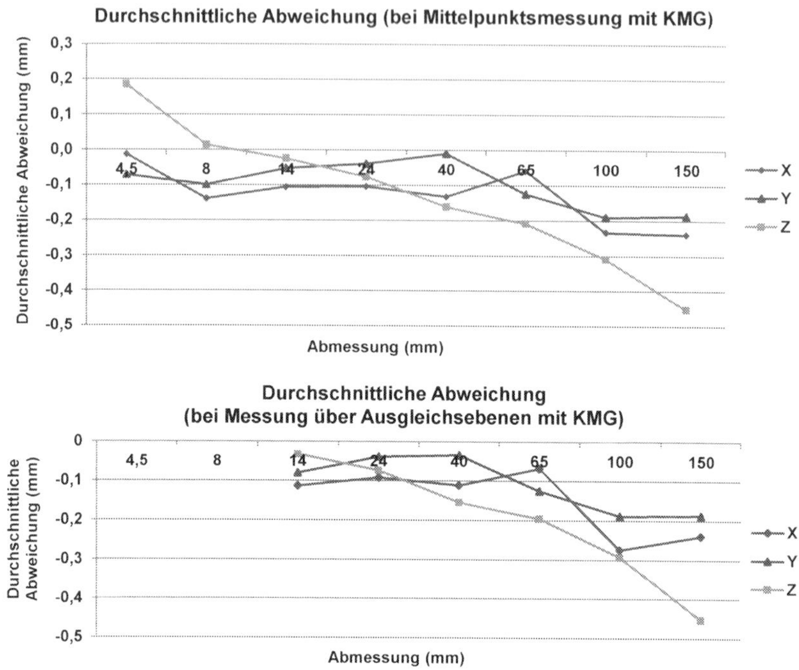

Abbildung 5-12: Mittlere Abweichung der Probekörper gefertigt mit dem FDM-Verfahren bei der Messung mit dem KMG gemäß dem Verfahren der Mittelpunktsmessung (oberer Graph) und mit Ausgleichsebenen (unterer Graph)

Zwischen dem oberen und dem unteren Graph gibt es kaum Abweichungen. Da in diesem Fallbeispiel lediglich die Vorgehensweise anhand eines praxisnahen Beispiels erläutert werden soll, wird nachfolgend das Verfahren mit Ausgleichsebenen aufgrund des höheren Aufwandes nicht weiter angewendet.

Insgesamt ergibt sich, dass die Messergebnisse des Messschiebers in allen Fällen höhere Werte als beim KMG aufweisen. Ursächlich hierfür ist, dass die Messschenkel des Messschiebers mit dem Bauteil immer entlang einer Linie den höchsten Punkt auf einer Oberfläche detektieren. Dabei bleiben Vertiefungen unbemerkt. Beim Verfahren der Mittelpunktsmessung mit dem KMG wird hingegen mit dem Messtaster zielgenau die Position des Mittelpunkts einer jeden Seite des Probekörpers erfasst. Selbst wenn der Mittelpunkt in einer Vertiefung liegt, lässt er sich so punktgenau detektieren.

5.2.5.2 Auswahl der Toleranzklasse

Beim Abgleich der Abweichungen mit den Toleranzklassen aus der DIN ISO 2768-1[275] (siehe Tabelle 5-1) wird ersichtlich, dass sich insbesondere bei der Wahl der Toleranzklasse „f (fein)“ nennenswerte

[275] Vgl. Hoischen, H.; Hesser, W. (Technisches Zeichnen) (2005), S. 168.

Ausschussraten ergeben. Bei einer Bewertung der Probekörper gemäß der Toleranzklassen m (mittel), c (grob) und v (sehr grob) würde die Ausschussrate jeweils gegen Null tendieren und es würden sich auch nur sehr geringe α- und β-Fehler ergeben.

5.2.6 Bestimmung der Standardunsicherheiten u_0 und u_m

Wie in Kapitel 4.5.1.2.2.2 beschrieben, wird die Standardunsicherheit u_0 anhand der gekoppelten Standardabweichung aus den erhobenen Messdaten bestimmt. Die Standardunsicherheit des Messmittels u_m wird gemäß der Methode A basierend auf der Standardabweichung gemäß VDA-Band 5 berechnet[276].

Um eine Berechnung des α- und des β-Fehlers vornehmen zu können, muss zunächst eine Berechnung der Standardunsicherheit u_0 der Messgröße Y anhand der Gl. 4-36 bzw. Gl. 4-37 erfolgen. Daran schließt sich die Berechnung der Standardunsicherheit des Messmittels u_m an.

Gemäß den Gleichungen aus Kapitel 4.5.1.2.2.3 lässt sich die Standardunsicherheit unter Verwendung der kombinierten Standardabweichung s_p berechnen. Im nächsten Schritt wird die erweiterte Unsicherheit mit dem Erweiterungsfaktor $k = 2$ bestimmt.

Anhand der Gleichungen wird die erweiterte Messunsicherheit des Messschiebers und des KMGs bei der Messung der Probekörper ermittelt.

5.2.6.1 Beispielrechnung für die Messung mit dem Messschieber

Zur Berechnung der erweiterten Messunsicherheit des Messschiebers für sechs Würfel (jeweils mit der Kantenlänge von 4,5mm) werden alle sechs Probekörper einmalig in x-Koordinatenrichtung gemessen, sodass sich ein Stichprobenumfang von $n = 6$ ergibt. Da es sich um eine kleine Stichprobe handelt, ist in diesem Fall analog zu Gl. 4-41 ein Korrekturfaktor t zu berücksichtigen. In Tabelle 5-3 sind die gemessenen Werte aufgelistet.

Tabelle 5-3: Einmalig gemessene Kantenlänge des Probekörpers i mit der Nennkantenlange 4,5mm

i	1	2	3	4	5	6
y_i (in mm)	4,54	4,47	4,56	4,54	4,49	4,56

Für die Messwerte ergibt sich ein Mittelwert $\bar{y} = 4{,}53mm$ und $s(y_i) = 0{,}0378mm$. Aus Tabelle 4-2 ergibt sich ein Korrekturfaktor $t(6) = 2{,}57$. Damit ergibt sich für die Standardunsicherheit u_0:

$$u_0 = s(y_i) \cdot \frac{t(n)}{k} = 0{,}0378mm \cdot \frac{2{,}57}{2} = 0{,}0485mm \qquad \text{Gl. 5-1}$$

Des Weiteren muss die Standardunsicherheit des Messmittels u_m bestimmt werden. Wie im VDA-Band 5 beschrieben, geschieht dies, indem die Standardabweichung von 25 Wiederholmessungen eines definierten Probekörpers berechnet wird. In Tabelle 5-4 sind die Wiederholmessungen für alle Koordinatenrichtungen aufgelistet.

[276] Vgl. Verband der Automobilindustrie e.V. (Prüfprozesseignung) (2011), S. 34.

Tabelle 5-4: Messwerte der Wiederholmessungen

Messung Nr.	4,5-x-Ri.	4,5-y-Ri.	4,5-z-Ri.
1	4,56	4,51	4,81
2	4,56	4,52	4,80
3	4,56	4,50	4,78
4	4,55	4,52	4,76
5	4,54	4,48	4,81
6	4,56	4,51	4,79
7	4,53	4,47	4,77
8	4,54	4,50	4,76
9	4,54	4,52	4,82
10	4,56	4,48	4,84
11	4,52	4,47	4,76
12	4,52	4,48	4,79
13	4,53	4,51	4,65
14	4,54	4,49	4,64
15	4,52	4,50	4,63
16	4,54	4,52	4,64
17	4,54	4,53	4,65
18	4,54	4,49	4,66
19	4,54	4,52	4,68
20	4,53	4,53	4,64
21	4,54	4,51	4,65
22	4,49	4,49	4,62
23	4,54	4,51	4,65
24	4,52	4,48	4,61
25	4,51	4,45	4,65
Mittelwert	4,54	4,50	4,71
StdAbw s	0,0173	0,0209	0,0780

Außerdem sind in den letzten Zeilen die Mittelwerte für die drei Koordinatenrichtungen $\overline{x}, \overline{y}, \overline{z}$ und die Standardabweichungen $s(x_i), s(y_i), s(z_i)$ angegeben.

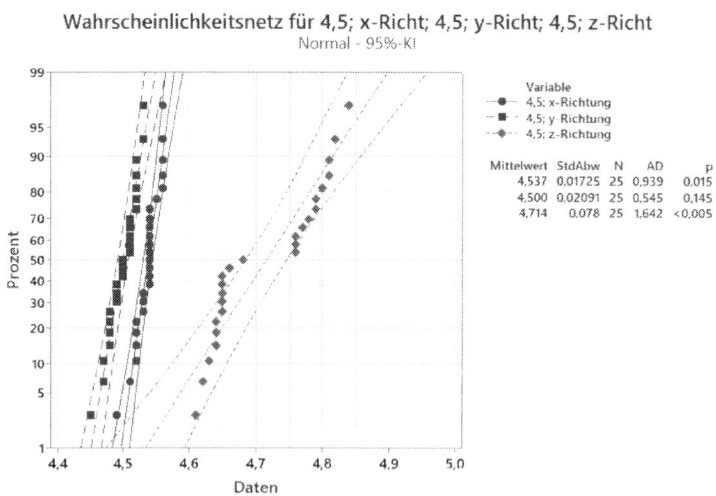

Abbildung 5-13: Wahrscheinlichkeitsnetz der Messdaten des Würfels mit der Kantenlänge 4,5mm

Wie aus Abbildung 5-13 ersichtlich, ist der p-Wert nur bei den Messdaten in y-Richtung größer als 0,05. Daher kann nur bei den Daten in y-Richtung von einer Normalverteilung ausgegangen werden. Bei den übrigen Messdaten liegt der p-Wert deutlich unterhalb von 0,05. Daher liegt bei diesen Daten keine Normalverteilung vor. Auf mögliche Gründe wird an dieser Stelle nicht eingegangen, da nachfolgend lediglich mit den Messdaten in y-Richtung weitergearbeitet wird.

In Abbildung 5-14 ist eine detailliertere Auswertung der Messdaten in y-Richtung dargestellt.

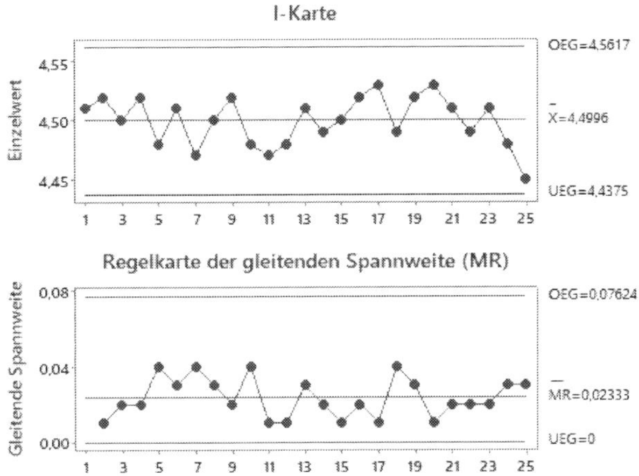

Abbildung 5-14: Auswertung der Messdaten für den Würfel mit der Kantenlänge 4,5mm

Aus der I-Karte (obere Darstellung) und der Regelkarte der gleitenden Spannweite (untere Darstellung) ist ersichtlich, dass es keine Außreißer und keinen besonderen Trend bei den Messdaten gibt.

Für diese Werte wird nachfolgend die Excel-Auswertung der Summe der α- und β-Fehler mit den Berechnungen des Matlab-Tools verglichen. Zunächst werden die zentralen Parameter für die Ermittlung des α- und des β-Fehlers für dieses Fallbeispiel bestimmt:

Gemäß Gl. 4-40 ergibt sich die Standardunsicherheit des Messmittels u_m bei 25 Wiederholmessungen, wie vom VDA empfohlen, in y-Koordinatenrichtung folgendermaßen:

$$u_m = s(y_i) = 0{,}0209mm \qquad \text{Gl. 5-2}$$

Um eine Berechnung des α- und des β-Fehlers mit dem Matlab-Tool vornehmen zu können, müssen nun noch das obere und das untere Akzeptanzlimit A_U und A_L bestimmt werden. Da von der Toleranzklasse f (fein) ausgegangen wird wie in Kapitel 5.2.5.2 beschrieben, ergibt sich nach Tabelle 5-1 eine Toleranzabweichung in Höhe von $\pm 0{,}05$. Da das Nennmaß der Kantenlänge 4,5mm beträgt ergeben sich damit die Toleranzgrenzen $T_U = 4{,}55mm$ und $T_L = 4{,}45mm$.

Anhand von Abbildung 4-14 ist bereits gezeigt worden, dass folgende Gleichungen gelten sollen:

$$A_U = T_U - 2 \cdot u_m = 4{,}55mm - 2 \cdot 0{,}0209mm = 4{,}5082mm \quad \text{Gl. 5-3}$$

$$A_L = T_L + 2 \cdot u_m = 4{,}45mm + 2 \cdot 0{,}0209mm = 4{,}4918mm \quad \text{Gl. 5-4}$$

Damit liegen alle erforderlichen Parameter vor und es kann eine Berechnung des α- und des β-Fehlers erfolgen. In Abbildung 5-15 ist das Ergebnis der Excel-Auswertung dargestellt.

Messung Nr.	4,5-y-Richtung	α / β -Fehler
1	4,51	1
2	4,52	1
3	4,50	0
4	4,52	1
5	4,48	1
6	4,51	1
7	4,47	1
8	4,50	0
9	4,52	1
10	4,48	1
11	4,47	1
12	4,48	1
13	4,51	1
14	4,49	1
15	4,50	0
16	4,52	1
17	4,53	1
18	4,49	1
19	4,52	1
20	4,53	1
21	4,51	1
22	4,49	1
23	4,51	1
24	4,48	1
25	4,45	1
Mittelwert	4,50	22
$s(y_i)$	0,0209	0,88

Abbildung 5-15: Manuelle Bewertung der Messdaten

In der Spalte „α-/β-Fehler" wird geprüft, ob der gemessene Wert in einen der beiden Unsicherheitsbereiche fällt, wie sie in Abbildung 5-16 dargestellt sind. Wenn ja, dann wird in die Spalte eine „1" eingetragen, andernfalls eine „0".

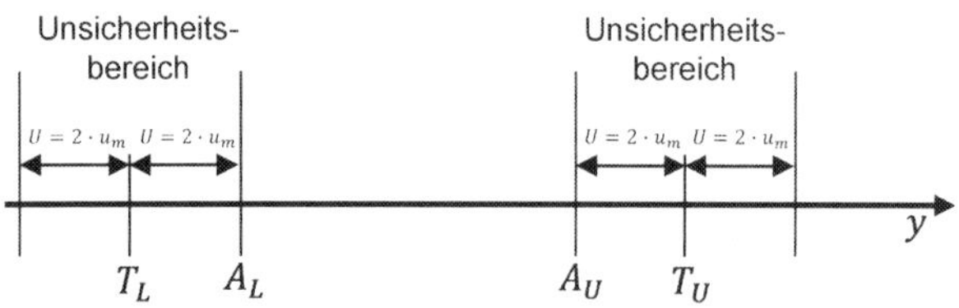

Abbildung 5-16: Schematische Darstellung der Unsicherheitsbereiche

Da die Unsicherheitsbereiche im Vergleich zur Toleranzfeldbreite groß sind, d.h. der Abstand zwischen A_L und A_U ist gering, liegen 22 der 25 Werte in den Unsicherheitsbereichen. Dies entspricht einem Anteil von 88%.

Bei dem Einsatz des Berechnungstools in Matlab aus Kapitel 4.5.1.2.2.1 ergibt sich mit einer Schrittweite von $\Delta x = 0{,}001mm$ das in Abbildung 5-17 dargestellte Ergebnis.

```
>> [alpha_error, beta_error] = trapezoid_approach(4.50, 0.0209, 4.4918, 4.5082, 4.45, 4.55, 0.0209)

alpha_error =

    0.7649


beta_error =

   1.9206e-04
```

Abbildung 5-17: Auszug aus Matlab-Berechnungstool

Aufsummiert ergibt sich damit ein errechneter α-/β-Fehler in Höhe von etwa 76,5%. Damit beträgt die Abweichung zur Excel-Berechnung etwa 11,5%.

Da es sich bei lediglich 25 Messwerten um eine releativ kleine Stichprobe handelt und auch keine optimale Normalverteilung vorliegt, sind Abweichungen in dieser Größenordnung kaum zu vermeiden.

5.2.7 Fazit aus dem Fallbeispiel zu Modul 2

Aus Abbildung 5-11 und Abbildung 5-12 wird ersichtlich, dass die Probekörper in den x-/y-Richtungen nur sehr geringe Abweichungen von den Sollwerten aufweisen. Lediglich in z-Richtung ergeben sich bei sehr kleinen und sehr großen Abmessungen deutlich erhöhte Abweichungen. Es lässt sich jedoch festhalten, dass sich inbesondere im Bereich der mittleren Abmessungen (14mm bis 65mm) auch mit handelsüblichen 3D-Druckern hohe Genauigkeiten erzielen lassen. Diese hohen Genauigkeiten reichen vielfach für die Anwendungen von Prozessprototypen aus.

Darüber hinaus wurde für einen Probekörper mit den Abmessungen 4,5mm exemplarisch gezeigt, dass eine Berechnung des α-/β-Fehlers mit dem Matlab-Tool aus Kapitel 4.5.1.2.2.1 im Vergleich zur Auswertung realer Messdaten anhand von Unsicherheitsbereichen zu passablen Ergebnissen führt, wenn berücksichtgt wird, dass eine relativ geringe Stichprobengröße vorliegt.

5.3 Einführung in das Fallbeispiel Pkw-Frontscheinwerfer

Als Fallbeispiel wird der Prototyp eines Frontscheinwerfers für Pkw gewählt, der für Crashversuche verwendet wird. Bei Crashversuchen handelt es sich um gesetzlich vorgeschriebene Kollisionsversuche von Fahrzeugen unter definierten Bedingungen, mit dem Ziel, das Verletzungsrisiko der Fahrzeuginsassen bei einem Unfall möglichst gering zu halten.[277] Im Rahmen der Produktentwicklung werden daher Fahrzeugprototypen hergestellt, um das reale Verhalten der Fahrzeuge bei Kollisionen zu ergründen und dadurch durchgeführte virtuelle Simulationen zu verifizieren.

Der im Versuch eingesetzte Prototyp muss hinsichtlich seiner mechanischen Eigenschaften möglichst genau dem späteren Serienfahrzeug entsprechen. Dies gilt auch für den Frontscheinwerfer. Der Prototyp des Frontscheinwerfers muss daher beispielsweise genau die Masse und den Schwerpunkt, die Position der Befestigungspunkte und den vorgegebenen Bauraum des voraussichtlichen Serienprodukts aufweisen. Auch das Material des Prototyps muss ähnliche Verformungseigenschaften aufweisen wie das Material des Serienprodukts.

Der im Crashversuch verwendete Prototyp besteht im Kern aus einem Gehäuse aus Kunststoff, welches ein Stahlgewicht aufnimmt und durch eine Kunststofflinse verschlossen wird. Das Stahlgewicht wird im Gehäuse platziert, um die Massenträgheit der im Inneren des späteren Scheinwerfers verbauten Komponenten nachzubilden Das Gehäuse wird dann über drei Laschen mit Schrauben mit dem Fahrzeugprototypen fest verbunden. Das Gehäuse und die Linse werden mit dem Fertigungsverfahren Vakuumgießen hergestellt. Für das Vakuumgießen soll ein Urmodell das Frontscheinwerfers hergestellt werden. Wie in Kapitel 3.1.1 beschrieben, lassen sich Prototypen in Formprototypen, Funktionsprototypen und Prozessprototypen einteilen. Aus Abbildung 3-2 folgt, dass es sich bei dem Prototyp des Frontscheinwerfers um einen Prozessprototypen handelt. Er lässt sich dem Handlungsfeld B3 Konstruktion zuordnen, da es sich um einen Testversuch im Rahmen der technischen Konstruktion handelt (siehe Abbildung 3-5).

In der Prototypen- und Kleinserienfertigung stellt das Vakuumgießen das zentrale Abformverfahren dar[278]. Durch die Verwendung eines Formkastens mit einem Urmodell darin, in den ein Zweikomponenten-Silikonharz gegossen wird, erfolgt die Herstellung der Form[279]. In die so hergestellte Silikonform wird dann im Vakuum ein Zweikomponenten Polyurethan (PU) Harz gefüllt, aus dem durch den Aushärtevorgang das benötigte Bauteil entsteht. Durch die Erzeugung des Vakuums verläuft der Gießvorgang und damit das Befüllen der Form gleichmäßiger und es bilden sich weniger Blasen oder andere Fehlstellen.[280]

[277] Vgl. Rose, D.; et al. (Interaktive Visualisierung neuer Elemente im virtuellen Automobil-Crashversuch) (2002), S. 1.

[278] Vgl. Gebhardt, A. (Generative Fertigungsverfahren) (2013), S. 388.

[279] Vgl. Grote, K.-H.; Antonsson, E. (Springer handbook of mechanical engineering) (2009), S. 762.

[280] Vgl. Gebhardt, A. (Generative Fertigungsverfahren) (2013), S.°388.

Große Vorteile dieses Verfahrens gegenüber dem klassischen Spritzgussverfahren bei wenigen Prototypen oder Kleinserien sind deutlich geringere Kosten und eine auf wenige Stunden reduzierte Herstellungszeit der Bauteile.[281]

Da es sich um ein reales Fahrzeugprojekt eines Automobilherstellers handelt, sind strikte Geheimhaltungsrichtlinien einzuhalten. Daher dürfen hier weder die realen Modelldaten noch originale Messdaten des Prototyps verwendet werden. Es wurde daher für die nachfolgenden Messungen ein neues Urmodell in Anlehnung an das originale Modell konstruiert, um das in Kapiteln 4 hergeleitete Kostenmodell zu validieren.

In Abbildung 5-18 ist das Vorgehen bei der Erstellung des Gehäuses für den Prototyp des Frontscheinwerfers dargestellt. Auf der linken Seite ist das für den späteren Serienscheinwerfer benötigte Gehäuse als gerändertes Modell symbolisch dargestellt. Dieses Modell wird zur Herstellung des Urmodells für das Vakuumgussverfahren zunächst vereinfacht, da beispielsweise filigrane Strukturen für den Funktionsprototypen nicht relevant sind.

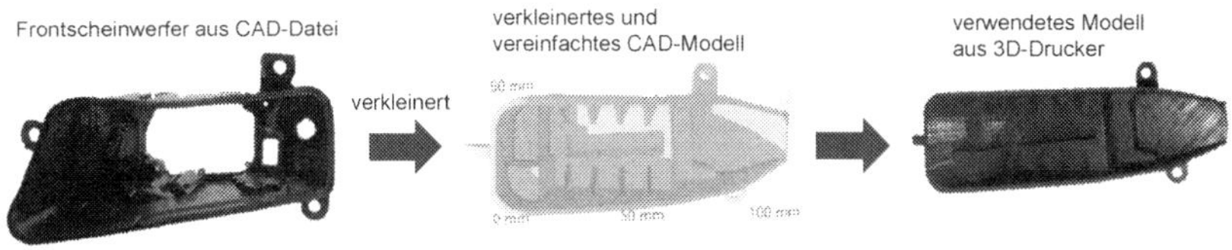

Abbildung 5-18: Vorgehensweise zur Ableitung des verwendeten Urmodells

Außerdem wird eine Tasche im Inneren des Gehäuses ergänzt, die das Stahlgewicht aufnimmt. Diese Tasche wird zusätzlich mit Rippen verstärkt, damit es durch die großen Trägheitskräfte beim Crash nicht zu Beschädigungen des Gehäuses kommt. Zusätzlich wird das Modell im Verhältnis 1:4 gegenüber dem originalen Modell verkleinert, da die Fertigungsmöglichkeiten eine Fertigung in der Ausgangsgröße nicht zuließen.

Das erstellte Urmodell für den Prototypen ist in Abbildung 6-3 aus unterschiedlichen Blickrichtungen mit den Befestigungspunkten dargestellt.

[281] Vgl. Grote, K.-H.; Antonsson, E. (Springer handbook of mechanical engineering) (2009), S. 763.

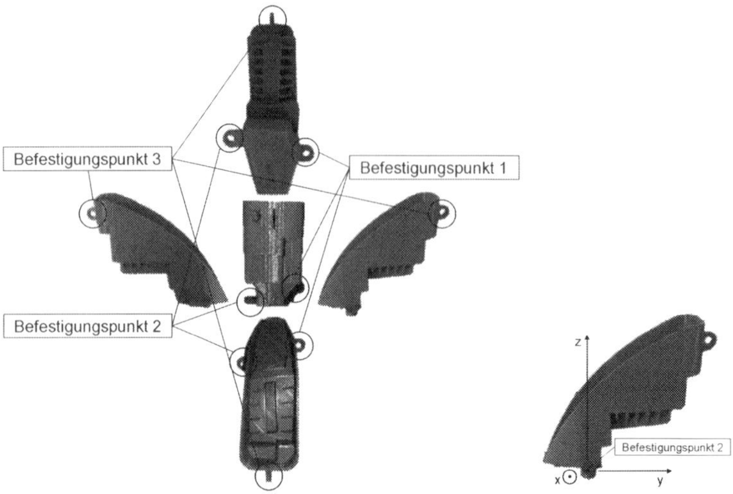

Abbildung 5-19: Urmodell und verwendetes Koordinatensystem

Insgesamt wurden neun Prototypen gleicher Bauart gefertigt und für die weiteren Messungen und Berechnungen verwendet.

5.4 Anwendung der Methodik auf das Fallbeispiel

Es werden die Qualitätskosten basierend auf den geometrischen Abmessungen des Urmodells, welches zentral im Fertigungsverfahren Vakuumguss ist, gemäß der in Kapitel 4 beschriebene Methodik berechnet. Sofern das Urmodell Fehler aufweist, werden diese auf das vakuumgegossene Bauteil übertragen. Da das Urmodell während des Vakuumgussverfahrens beim Entfernen der Silikonform oft beschädigt oder sogar zerstört wird, lassen sich in der Regel keine eindeutigen Kausalitäten für ermittelte Fehler am vakuumgegossenen Bauteil resultierend aus einem fehlerhaften Urmodell ermitteln. Das heißt, das detaillierte Prüfen von Urmodellen, welche zu fehlerhaften Bauteilen geführten haben, ist im Nachhinein nur sehr begrenzt möglich. Daher ist eine umfangreiche Prüfung der Urmodelle vor der Verwendung angezeigt.

5.4.1 Phase 1: Prüfmerkmale identifizieren

Zunächst werden die zu prüfenden Merkmale anhand der FMEA des Frontscheinwerfers identifiziert.

5.4.1.1 Schritt 1.1: Prüfmerkmale ableiten

In Abbildung 5-20 ist ein abstrahierter Auszug aus der beim Automobilhersteller durchgeführten FMEA dargestellt. Aus Geheimhaltungsgründen wurde die FMEA etwas modifiziert und abstrahiert.

Nr.	Beschreibung des Fehlers	Fehlerfolge	Auftretenswahrscheinlichkeit (A)	Fehlerbedeutung (B)
1	Schwankungen der Bauteildicke im Gehäuse	Bruchgefahr	8	6
2	Unsichere Einbettungen der Gewichte	Bruchgefahr	8	7
3	Falsche Werkstoffe verwendet	Bruchgefahr	3	8
4	Falsches Abmaß des Gehäuses	Nicht montierbar	5	8
5	Lageabweichungen der Bohrungen für die Befestigungsschrauben	Nicht montierbar	7	10

Abbildung 5-20: Auszug aus der FMEA des Gehäuses

5.4.1.2 Schritt 1.2: Prüfmerkmale priorisieren

Auf der Basis der FMEA wird die Priorisierung der Prüfmerkmale vorgenommen. Zunächst wird die Prüfnotwendigkeit anhand von Gl. 4-1 bestimmt. Darüber hinaus wird die Risikomatrix aus Abbildung 4-3 als Grundlage für die Bewertung verwendet. Das Bewertungsergebnis für die einzelnen Fehler ist in Abbildung 5-21 dargestellt.

Nr.	Beschreibung des Fehlers	Fehlerfolge	Auftretenswahrscheinlichkeit (A)	Fehlerbedeutung (B)	Bewertung in Risikomatrix	Gewichtete Bewertung
1	Schwankungen der Bauteildicke im Gehäuse	Bruchgefahr	8	6	48	307,2
2	Unsichere Einbettungen der Gewichte	Bruchgefahr	8	7	56	358,4
3	Falsche Werkstoffe verwendet	Bruchgefahr	3	8	24	76,8
4	Falsches Abmaß des Gehäuses	Nicht montierbar	5	8	40	256
5	Lageabweichungen der Bohrungen für die Befestigungsschrauben	Nicht montierbar	7	10	70	448

Abbildung 5-21: FMEA des Gehäuses mit gewichteter Bewertung

Da hier die gleiche Risikomatrix verwendet wird wie in Kapitel 4.3.2, ergeben sich auch die gleichen Gewichtungsfaktoren $g_{gelb} = 3{,}2$ und $g_{rot} = 6{,}4$. Aus dem Produkt der Bewertung und dem jeweiligen Gewichtungsfaktor ergibt sich die gewichtete Bewertung. Der Fehler „Lageabweichung der Bohrung für die Befestigungsschrauben“ (Nr. 5) besitzt die höchste gewichtete Bewertungszahl und erhält damit die höchste Priorität bzgl. der weiteren Bearbeitung. Beim Auftreten dieses Fehlers ist die Montage des Prototypfrontscheinwerfers über die Befestigungspunkte nicht mehr möglich. Für die Montierbarkeit des Prototypfrontscheinwerfers sind folgende Merkmale der Befestigungspunkte entscheidend:

- Dicke der Befestigungslaschen
- Länge der Befestigungslaschen
- Durchmesser der Befestigungsbohrungen
- Position der Befestigungspunkte

Diese Merkmale sind nachfolgend zu prüfen, um die Montage des Prototypfrontscheinwerfers sicherzustellen. Basierend auf dem in Abbildung 5-19 dargestellten Koordinatensystem an Befestigungspunkt 2 (BP 2) sind die in Tabelle 5-5 aufgeführten Nennmaße zu prüfen.

Tabelle 5-5: Zu messende Prüfmerkmale je Befestigungspunkt (BP) mit Nennmaß und Toleranzbereich

BP	Prüfmerkmal	Nennmaß	T_L	T_U
2	Distanz_Dicke_Z	3,10	3,00	3,20
	Distanz_Länge_X	11,90	11,70	12,10
	Durchmesser	3,50	3,40	3,60
	X-Koordinate	0,00	-0,10	0,10
	Y-Koordinate	0,00	-0,10	0,10
	Z-Koordinate	0,25	0,15	0,35
3	Distanz_Dicke_X	2,95	2,85	3,05
	Distanz_Länge_Y	9,435	9,235	9,635
	Durchmesser	3,50	3,40	3,60
	X-Koordinate	-22,325	-22,025	-21,625
	Y-Koordinate	67,50	67,20	67,80
	Z-Koordinate	69,25	69,95	70,55
1	Distanz_Dicke_Z	3,125	3,025	3,225
	Distanz_Länge_X	8,80	8,60	9,00
	Durchmesser	3,50	3,40	3,60
	X-Koordinate	-41,45	-41,75	-41,15
	Y-Koordinate	-11,70	-11,90	-11,50
	Z-Koordinate	5,50	5,40	5,60

Aus der Tabelle wird ersichtlich, dass sich alle Längenmaße im Messbereich zwischen 0 und 75 mm befinden. Für die Prüfung dieser Merkmale sind geeignete Prüfmittel auszuwählen.

5.4.2 Phase 2: Prüfmittel auswählen

Zunächst werden die zu betrachtenden Prüfmittel eingegrenzt. Im Anschluss werden auf der Basis einer Eignungsabschätzung potenzielle Prüfmittel für die Kostenkalkulation ausgewählt.

5.4.2.1 Schritt 2.1: Zu untersuchende Prüfmittel eingrenzen

In diesem Schritt werden die zu verwendenden Prüfmittel eingegrenzt. Diese Auswahl ist anhand unterschiedlicher Faktoren (siehe Abbildung 4-5) vorzunehmen. Ganz gezielt sind dabei technische/ technologische, organisatorische und wirtschaftliche Kriterien zu beachten.

Wie in Kapitel 4.4.1 beschrieben, wird eine erste Eingrenzung der Prüfmittel in der Regel durch das Prüfpersonal basierend auf den gesammelten Erfahrungen hinsichtlich der genannten Kriterien vorgenommen. In diesem Fallbeispiel stehen lediglich der Messschieber und das KMG als Prüfmittel zur Verfügung. Die Anschaffung eines neuen Prüfmittels und die zugehörige Qualifizierung der Mitarbeitenden für diese Messaufgabe wäre erfahrungsgemäß nicht wirtschaftlich.

Da die Bauteile vorhanden und die zu messenden Parameter bekannt sind und die Prüfmittel bereitstehen, sind auch kleine Experimente möglich, um einschätzen zu können, ob sich ein Prüfmittel technisch für die Messung eines bestimmten Parameters eignet. Dabei wird jeder Parameter einzeln und unabhängig von den übrigen Parametern betrachtet. Diese Unabhängigkeit in der Betrachtung ermöglicht in der weiteren Anwendung der Methodik den Einsatz unterschiedlicher Prüfmittel in einem Prüfszenario. In Tabelle 5-6 ist das Ergebnis der Bewertung für den Messschieber und das KMG aufgelistet.

Tabelle 5-6: Zu messende Prüfmerkmale mit Eignungseinschätzung zu möglichen Prüfmitteln

BP	Prüfmerkmal	Nennmaß	T_L	T_U	Messschieber	KMG
2	Distanz_Dicke_Z	3,10	3,00	3,20	✓	✓
	Distanz_Länge_X	11,90	11,70	12,10	✓	✓
	Durchmesser	3,50	3,40	3,60		✓
	X-Koordinate	0,00	-0,10	0,10		✓
	Y-Koordinate	0,00	-0,10	0,10		✓
	Z-Koordinate	0,25	0,15	0,35		✓
3	Distanz_Dicke_X	2,95	2,85	3,05	✓	✓
	Distanz_Länge_Y	9,435	9,235	9,635	✓	✓
	Durchmesser	3,50	3,40	3,60		✓
	X-Koordinate	-22,325	-22,025	-21,625		✓
	Y-Koordinate	67,50	67,20	67,80		✓
	Z-Koordinate	69,25	69,95	70,55		✓
1	Distanz_Dicke_Z	3,125	3,025	3,225	✓	✓
	Distanz_Länge_X	8,80	8,60	9,00	✓	✓
	Durchmesser	3,50	3,40	3,60		✓
	X-Koordinate	-41,45	-41,75	-41,15		✓
	Y-Koordinate	-11,70	-11,90	-11,50		✓
	Z-Koordinate	5,50	5,40	5,60		✓

Mit einem Haken ist in der Tabelle jener Parameter markiert, welcher sich mit dem genannten Prüfmittel aus technischer Sicht prinzipiell für die Prüfaufgabe eignen würde. Die Auflösungen und mögliche Unsicherheiten werden in diesem Schritt jedoch noch nicht berücksichtigt.

Durch den Schritt der starken Eingrenzung der betrachteten Prüfmittel wird der resultierende und sich in den folgenden Schritten ergebende Anwendungsaufwand der Methodik stark reduziert, da ungeeignete Prüfmittel nicht weiter berücksichtigt werden müssen.

5.4.2.2 Schritt 2.2: Prüfmitteleignung untersuchen

Aus der Vorauswahl ergeben sich als mögliche Messmittel der Messschieber und das KMG. In diesem Schritt wird eine Prüfung der Eignung für die einzelnen Maße anhand der in Kapitel 4.4.2 beschriebenen zwei Bedingungen durchgeführt. Basierend auf der Vorauswahl in Schritt 2.1 (siehe Tabelle 5-6) wird die Untersuchung durchgeführt.

Prüfung der Bedingungen für den Messschieber

Basierend auf den in Kapitel 4.4.2 beschriebenen zwei Bedingungen (siehe Gl. 5-5 und Gl. 5-6) wird eine Abschätzung der Prüfmitteleignung vorgenommen.

$$\frac{AL}{TOL} \leq 0{,}05 \qquad \text{Gl. 5-5}$$

$$TOL \geq 15{,}4 \cdot MPE \qquad \text{Gl. 5-6}$$

Anhand der zwei Bedingungen wird zunächst geprüft, ob die erste Einschätzung aus Tabelle 5-6 sich für den Messschieber bestätigt. Im Anhang in Kapitel A.3 sind die technischen Daten des Messchiebers für die Berechnung aufgelistet.

Aus Tabelle 5-7 geht hervor, für welche Prüfmerkmale die zwei Bedingungen bei der Messung mit dem Messschieber erfüllt sind.

Tabelle 5-7: Eignungsprüfung für Prüfmerkmale je Befestigungspunkt (BP) beim Messschieber

Für Messschieber						1. Bedingung			2. Bedingung		
BP	Prüfmerkmal	Nennmaß	T_L	T_U	Toleranzfeldbreite (TOL)	Auflösung (AL)	Quotient (AL/TOL)	Erfüllt? (AL/TOL≤ 0,05)	Fehlergrenze (MPE)	Vergleichswert (15.4*MPE)	Erfüllt? (TOL≥ 15,4*MPE)
2	Distanz_Dicke_Z	3,10	3,00	3,20	0,2	0,01	0,050	ja	0,02	0,308	nein
	Distanz_Länge_X	11,90	11,70	12,10	0,4	0,01	0,025	ja	0,02	0,308	ja
3	Distanz_Dicke_X	2,95	2,85	3,05	0,2	0,01	0,050	ja	0,02	0,308	nein
	Distanz_Länge_Y	9,435	9,235	9,635	0,4	0,01	0,025	ja	0,02	0,308	ja
1	Distanz_Dicke_Z	3,125	3,025	3,225	0,2	0,01	0,050	ja	0,02	0,308	nein
	Distanz_Länge_X	8,80	8,60	9,00	0,4	0,01	0,025	ja	0,02	0,308	ja

Es zeigt sich, dass lediglich das Merkmal „Distanz_Länge…" mit dem Messscheiber gemessen werden könnte, da bei dem Merkmal „Distanz_Dicke…" die zweite Bedingung nicht erfüllt ist. Dies gilt für sämtliche Befestigungspunkte.

Prüfung der Bedingungen für das KMG

Wie in Schritt 2.1 beschrieben, wird das KMG als prinzipiell für sämtliche Prüfmerkmale geeignetes Prüfmittel eingestuft.

Die technischen Daten des verwendeten KMGs sind im Anhang unter Kapitel A.3 beschrieben. Für die Fehlergrenze ergibt sich:

$$MPE = \left(0{,}9 + \frac{\mathrm{L}}{350}\right)\mu\mathrm{m} \qquad \text{Gl. 5-7}$$

Dabei gibt L die gemessene Länge in der Maßeinheit Millimeter (mm) an. Bei einem KMG wird die Auflösung eine Größenordnung genauer ausgelegt als die Längenmessunsicherheit.[282]

Für die vorgegebenen Prüfmerkmale ergeben sich nach Gl. 5-7 Fehlergrenzen zwischen $0{,}9\mu m$ und $1{,}1\ \mu m$. Die Auflösung liegt deutlich niedriger. Somit kann für die hier vorgegebenen Toleranzen im Zehntelmillimeterbereich vorerst angenommen werden, dass das KMG für die Prüfung sämtlicher angegebener Prüfmerkmale geeignet ist.

Damit ist die Vorauswahl der Prüfmittel, in der ein erster Nachweis der Eignung anhand der ersten und der zweiten Bedingung für die Anwendung des Messschiebers und des KMGs auf die Prüfmerkmale abgeschlossen. In Tabelle 5-8 ist das Ergebnis der Vorauswahl *dargestellt*. Dabei drückt der Haken in der Spalte des Messchiebers oder des KMGs aus, dass das entsprechende Prüfmittel die Vorauswahl erfolgreich durchlaufen hat.

[282] Vgl. Pfeifer, T.; Schmitt, R. (Fertigungsmesstechnik) (2010), S. 269.

Tabelle 5-8: Ergebnis der Vorauswahl

BP	Prüfmerkmal	Nennmaß	T_L	T_U	Messschieber	KMG
2	Distanz_Dicke_Z	3,10	3,00	3,20		✓
	Distanz_Länge_X	11,90	11,70	12,10	✓	✓
	X-Koordinate	0,00	-0,10	0,10		✓
	Y-Koordinate	0,00	-0,10	0,10		✓
	Z-Koordinate	0,25	0,15	0,35		✓
3	Distanz_Dicke_X	2,95	2,85	3,05		✓
	Distanz_Länge_Y	9,435	9,235	9,635	✓	✓
	X-Koordinate	-22,325	-22,025	-21,625		✓
	Y-Koordinate	67,50	67,20	67,80		✓
	Z-Koordinate	69,25	69,95	70,55		✓
1	Distanz_Dicke_Z	3,125	3,025	3,225		✓
	Distanz_Länge_X	8,80	8,60	9,00	✓	✓
	X-Koordinate	-41,45	-41,75	-41,15		✓
	Y-Koordinate	-11,70	-11,90	-11,50		✓
	Z-Koordinate	5,50	5,40	5,60		✓

Diese Vorauswahl ersetzt jedoch nicht den Fähigkeitsnachweis nach MSA oder VDA-Band 5 für den gesamten Messprozess, der vor der realen Anwendnung des Prüfmittels für den gesamten Messprozess vorliegen muss.

Wie in Kapitel 4.4.2 beschrieben, kann das Ergebnis auch in Form einer Eignungsmatrix E_{ij} ausgedrückt werden, um die Handhabung der Ergebnisse etwas zu vereinfachen. In Analogie zur Tabelle 5-8 ergibt sich die folgende transformierte Eignungsmatrix:

$$E_{2,15}^{T} = \begin{pmatrix} 0 & 1 & 0 & 0 & 0 & 0 & 1 & 0 & 0 & 0 & 0 & 1 & 0 & 0 & 0 \\ 1 & 1 & 1 & 1 & 1 & 1 & 1 & 1 & 1 & 1 & 1 & 1 & 1 & 1 & 1 \end{pmatrix} \qquad \text{Gl. 5-8}$$

Damit ist die Phase 2 „Prüfmittel auswählen“ abgeschlossen.

5.4.3 Phase 3: Qualitätskosten berechnen

Nachfolgend werden die entstandenen Qualitätskosten berechnet. Wie in Gl. 4-22 beschrieben, ergeben sich die Qualitätskosten $K_{GQ,s}$ als Summe aus den Fehlerkosten $K_{GF,s}$ und den Prüfkosten $K_{GP,s}$.

$$K_{GQ,s} = K_{GF,s} + K_{GP,s} \qquad \text{Gl. 5-9}$$

In den nachfolgenden Schritten werden nacheinander die Fehlerkosten und die Fehlerverhütungskosten, welche in diesem Modell den Prüfkosten entsprechen, für zwei unterschiedliche Prüfszenarien bestimmt gefolgt von einer Bewertung der Wirtschaftlichkeit der Prüfungen insgesamt.

Es werden die folgenden zwei Szenarien unterschieden.

1. Szenario: Wenn es möglich ist, wird der Messschieber für die Messung verwendet. Ansonsten wird das KMG eingesetzt.
2. Szenario: Sämtliche Messungen werden mit dem KMG vorgenommen.

In Tabelle 5-9 sind die zwei Prüfszenarien mit der jeweiligen Zuordnung des Prüfmerkmals zum jeweiligen Prüfmittel im Detail aufgelistet.

Tabelle 5-9. Beschreibung der zwei Prüfszenarien

BP	Prüfmerkmal	Nennmaß	1. Szenario		2. Szenario	
			Messschieber	KMG	Messschieber	KMG
2	Distanz_Dicke_Z	3,10		✓		✓
	Distanz_Länge_X	11,90	✓			✓
	Durchmesser	3,50		✓		✓
	X-Koordinate	0,00		✓		✓
	Y-Koordinate	0,00		✓		✓
	Z-Koordinate	0,25		✓		✓
3	Distanz_Dicke_X	2,95		✓		✓
	Distanz_Länge_Y	9,435	✓			✓
	Durchmesser	3,50		✓		✓
	X-Koordinate	-22,325		✓		✓
	Y-Koordinate	67,50		✓		✓
	Z-Koordinate	69,25		✓		✓
1	Distanz_Dicke_Z	3,125		✓		✓
	Distanz_Länge_X	8,80	✓			✓
	Durchmesser	3,50		✓		✓
	X-Koordinate	-41,45		✓		✓
	Y-Koordinate	-11,70		✓		✓
	Z-Koordinate	5,50		✓		✓

Nachfolgend werden nun die Fehlerkosten (Kapitel 5.4.3.1) und die Fehlerverhütungskosten (Kapitel 5.4.3.2) für die zwei beschriebenen Szenarien bestimmt.

5.4.3.1 Schritt 3.1: Fehlerkosten berechnen

Eine Berechnung der Fehlerkosten pro Bauteil ergibt sich aus Gl. 4-23:

$$K_{FK,s} = \alpha(1-p)\,k_g + w(1-\beta)p\,k_b + (1-w)(1-\beta)p\,(k_b + k_s) + p\beta\,k_a \qquad \text{Gl. 5-10}$$

Es müssen nun zunächst die einzelnen Parameter bestimmt werden. Dazu muss eine genaue Abschätzung der einzelnen Größen der Formel erfolgen.

Da es sich um eine Prototypenfertigung handelt, müssen der Erwartungswert und die Standardabweichung für die weiteren Berechnungen empirisch angenähert werden.

In diesem Fallbeispiel werden die Parameter anhand einer Stichprobe bestehend aus neun Prototypen erhoben, indem diese mit Messschieber und KMG vermessen werden. Mit dem in Kapitel 4.5.1.2.2 entwickelten Matlab-Tool werden anschließend der α- und der β-Fehler bestimmt.

Zudem sind einige der Parameter aus Gl. 4-23 abzuschätzen:

- Bei der Wahrscheinlichkeit, ein Schlechtteil durch Nacharbeit in ein Gutteil überführen zu können, wird bei dem 3D gedruckten Bauteil ein Wert in Höhe von $w = 20\%$ abgeschätzt, da Fehler in der Struktur des Bauteils aufgrund von Instabilitäten des Druckprozesses häufig nicht nachgearbeitet werden können.

- Die Nacharbeitskosten eines Gutteils werden für das vorliegende Bauteil basierend auf Erfahrungswerten mit $k_g = 5€$ angesetzt, da sie lediglich die Nachprüfung der als fehlerhaft klassifizierten Parameter umfassen.
- Pro Schlechtteil werden die Nacharbeitskosten mit $k_b = 10€$ abgeschätzt, da es sich um ein additiv gefertigtes Bauteil handelt, bei dem nur bei bestimmten Parametern eine Nachbearbeitung überhaupt möglich ist.
- Mit dem in Kapitel 4.5.1.2.1 beschriebenen Modell lassen sich die Kosten für einen nicht reparierbaren Prototypfrontscheinwerfer auf den Betrag $k_s = 44{,}92€$ beziffern. Für die Herstellung wird der 3D-Drucker „Ultimakers 2+" verwendet, welcher eine Druckzeit von etwa 6 Stunden für den Probekörper benötigt.
- Der Kostensatz für die Unzufriedenheit des Konsumenten k_a lässt sich nur sehr schwer abschätzen. Da der Prototyp des Scheinwerfers in der Fahrzeugentwicklung im Rahmen von Crashversuchen eingesetzt werden soll, hätte ein fehlerhaftes Bauteil vermutlich Verzögerungen und/ oder verfälschte Versuchsdaten zur Folge. Ggf. müsste viele Stunden gewartet werden, bis ein fehlerfreies Bauteil nachgeliefert und eingebaut ist. Es wird hier ein Kostensatz in Höhe von $k_a = 1200€$ angenommen.

In Tabelle 5-10 sind die gewählten und grob abgeschätzten Parameter zusammenfassend aufgeführt.

Tabelle 5-10: Abschätzung der Kostenparameter für den Scheinwerfer

Parameter	w	k_g	k_b	k_s	k_a
Abgeschätzter Wert	0,20	5,00€	10,00€	44,92€	1200,00€

Es sind damit folgende Parameter noch nicht bestimmt: α, β und p.

Der α-Fehler und der β-Fehler werden anhand des Matlab-Tools bestimmt. Ausgangsbasis für die Berechnung sind die im Messraum mit dem KMG und in Abbildung 5-22 dargestellten Messdaten für die neun Probekörper. Leicht rot markiert sind die Messwerte, welche außerhalb des Toleranzfeldes liegen.

	LSL	USL	1	2	3	4	5	6	7	8	9	Mittelwert	Standard-abweichung
Distanz_SP2_Thickness_Z	3	3,2	3,0598	3,0453	3,0602	3,0597	3,0644	3,0546	3,0525	3,0347	3,0596	3,0545	0,009303
Distanz_SP2_Length_X	11,7	12,1	11,7272	11,7375	11,7276	11,7417	11,6863	11,7204	11,7008	11,5118	11,7399	11,6992	0,072679
Durchmesser_SP2	3,4	3,6	4,1072	4,1441	4,1067	4,1031	4,1101	4,1278	4,1129	4,1069	4,1036	4,1136	0,013640
Rundheit_SP2	0	0,1	0,0394	0,03	0,0388	0,0345	0,0275	0,0372	0,0378	0,0502	0,0353	0,0367	0,006439
X-Wert_SP2	-0,1	0,1	0,0024	0,0027	0,0024	-0,0008	0,0011	-0,0037	0,0042	-0,0129	0,0008	-0,0004	0,005213
Y-Wert_SP2	-0,1	0,1	-0,0097	0,005	-0,0112	0,0011	0,0132	0,0049	0,0208	0,0203	0,0021	0,0052	0,011472
Z-Wert_SP2	0,15	0,35	0,2517	0,2579	0,2472	0,2506	0,2558	0,256	0,2588	0,2598	0,25	0,2542	0,004442
Distanz_SP3_Thickness_X	2,85	3,05	2,9633	2,9796	2,9629	2,969	2,9536	2,933	2,9562	2,9498	2,9687	2,9596	0,013449
Distanz_SP3_Length_Y	9,235	9,635	9,0258	8,99	9,0253	9,0024	9,0118	8,9998	9,0069	8,7914	9,0033	8,9841	0,073179
Durchmesser_SP3	3,4	3,6	4,3382	4,4443	4,3368	4,361	4,3459	4,4457	4,4141	4,4168	4,3632	4,3851	0,044934
Rundheit_SP3	0	0,1	0,3461	0,2385	0,3446	0,3657	0,3156	0,1531	0,1499	0,2862	0,3664	0,2851	0,086004
X-Wert_SP3	-22,025	-21,625	-21,8254	-21,8309	-21,8303	-21,8156	-21,8097	-21,8245	-21,8241	-21,8241	-21,8209	-21,8228	0,006726
Y-Wert_SP3	67,2	67,8	67,5933	67,4103	67,5936	67,601	67,5297	67,5019	67,4799	67,0802	67,5986	67,4876	0,166424
Z-Wert_SP3	69,95	70,55	70,2896	70,5672	70,2883	70,3503	70,3362	70,4483	70,4561	70,8111	70,3492	70,4329	0,168252
Distanz_SP1_Thickness_Z	3,025	3,225	2,9718	2,9592	2,9706	2,9731	3,0578	2,9987	2,9437	2,938	2,9728	2,9762	0,035428
Distanz_SP1_Length_X	8,6	9	8,7189	8,692	8,7191	8,6998	8,6842	8,7104	8,6816	8,7504	8,7016	8,7064	0,021364
Durchmesser_SP1	3,4	3,6	4,3016	4,2851	4,3003	4,311	4,2963	4,2914	4,2801	4,3434	4,313	4,3025	0,018799
Rundheit_SP1	0	0,1	0,1347	0,0616	0,1339	0,1414	0,1222	0,2161	0,1631	0,0728	0,1406	0,1318	0,045785
X-Wert_SP1	-41,75	-41,15	-41,4395	-41,423	-41,4387	-41,4545	-41,4332	-41,4319	-41,4013	-41,2514	-41,4556	-41,4143	0,063246
Y-Wert_SP1	-11,9	-11,5	-11,6746	-11,7284	-11,6759	-11,6974	-11,6659	-11,6613	-11,6428	-11,6351	-11,6909	-11,6747	0,028517
Z-Wert_SP1	5,4	5,6	5,5092	5,5137	5,505	5,5069	5,5342	5,5334	5,5297	5,5346	5,5113	5,5198	0,012829

Abbildung 5-22: Mit dem KMG erhobene Messdaten für die neun Probekörper

Für die Standardmessunsicherheit u_m werden die vorgegebenen Werte der Prüfmittelhersteller angenommen (siehe Anhang A.3). In Analogie zu den Eignungskennwerten für das Messsystem und den

Messprozess[283] wird beim Messschieber angenommen, dass die Messunsicherheit des Prüfprozesses der zweifachen Messunsicherheit des Prüfmittels entspricht.

Für die Berechnung des α- und des β-Fehlers für die einzelnen Parameter wird das in Kapitel 4.5.1.2.2 beschriebene Matlab-Tool verwendet. In Abbildung 5-23 sind die Ergebnisse der Berechnung des α- und des β-Fehlers für die Toleranzklasse mittel dargestellt.

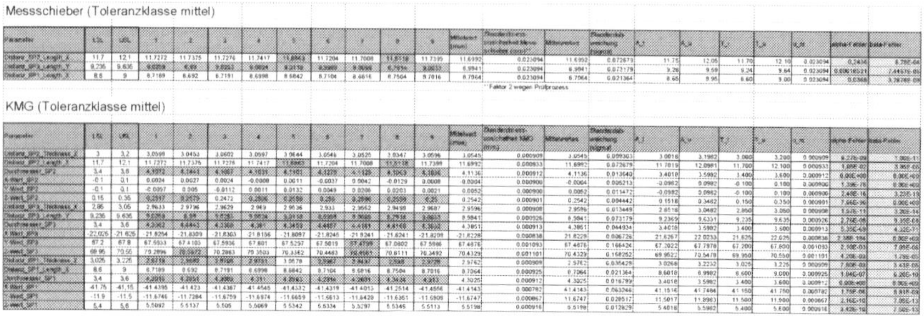

Messschieber (Toleranzklasse mittel)

Parameter	LSL	USL	1	2	3	4	5	6	7	8	9	Mittelwert (mm)	Standardmessunsicherheit Messschieber (mm)**	Mittelwert	Standardabweichung (sigma)	A_l	A_u	T_l	T_u	u_m	alpha-Fehler	beta-Fehler
Distanz_SP2_Length_X	11.7	12.1	11.7272	11.7375	11.7276	11.7417	11.8863	11.7204	11.7008	[illegible]	11.7399	11.6992	0.023094	11.6992	0.072679	11.75	12.05	11.70	12.10	0.023094	0.2436	6.79E-04
Distanz_SP3_Length_Y	9.236	9.636	[illegible]	[illegible]	[illegible]	[illegible]	[illegible]	[illegible]	[illegible]	[illegible]	[illegible]	6.9941	0.023094	6.9941	0.073179	9.28	9.69	9.24	9.64	0.023094	0.00018521	7.44679E-06
Distanz_SP1_Length_X	8.6	9	8.7189	8.692	8.7191	8.6998	8.6842	8.7104	8.6816	8.7504	8.7016	8.7064	0.023094	8.7064	0.021364	8.65	8.95	8.60	9.00	0.023094	0.0368	[illegible]

** Faktor 2 wegen Prüfprozess

KMG (Toleranzklasse mittel)

Parameter	LSL	USL	1	2	3	4	5	6	7	8	9	Mittelwert (mm)	Standardmessunsicherheit KMG (mm)	Mittelwert	Standardabweichung (sigma)	A_l	A_u	T_l	T_u	u_m	alpha-Fehler	beta-Fehler
Distanz_SP2_Thickness_Z	3	3.2	3.0599	3.0453	3.0602	3.0597	3.0644	3.0546	3.0525	3.0347	3.0596	3.0545	0.000909	3.0545	0.009303	3.0018	3.1982	3.000	3.200	0.000909	9.27E-09	[illegible]
Distanz_SP2_Length_X	11.7	12.1	11.7272	11.7375	11.7276	11.7417	11.8863	11.7204	11.7008	[illegible]	11.7399	11.6992	0.000933	11.6992	0.072679	11.7019	12.0981	11.700	12.100	0.000933	[illegible]	[illegible]
Durchmesser_SP2	3.4	3.6	[illegible]	[illegible]	[illegible]	[illegible]	[illegible]	[illegible]	[illegible]	[illegible]	[illegible]	4.1136	0.000912	4.1136	0.013640	3.4018	3.5982	3.400	3.600	0.000912	0.00E+00	0.00E+00
X-Wert_SP2	-0.1	0.1	0.0024	0.0027	0.0024	-0.0008	0.0011	-0.0037	0.0042	-0.0129	0.0008	-0.0004	0.000900	-0.0004	0.005213	-0.0982	0.0982	-0.100	0.100	0.000900	[illegible]	[illegible]
Y-Wert_SP2	-0.1	0.1	-0.0097	0.005	-0.0112	0.0011	0.0132	0.0049	0.0206	0.0203	0.0021	0.0052	0.000900	0.0052	0.011472	-0.0982	0.0982	-0.100	0.100	0.000900	2.48E-16	3.22E-19
Z-Wert_SP2	0.15	0.35	[illegible]	[illegible]	0.2472	[illegible]	[illegible]	[illegible]	[illegible]	[illegible]	[illegible]	0.2542	0.000901	0.2542	0.004442	0.1518	0.3482	0.150	0.350	0.000901	[illegible]	0.00E+00
Distanz_SP3_Thickness_X	2.85	3.05	2.9633	2.9796	2.9629	2.969	2.9636	2.933	2.9562	2.9499	2.9687	2.9596	0.000908	2.9596	0.013449	2.8518	3.0482	2.850	3.050	0.000908	[illegible]	[illegible]
Distanz_SP3_Length_Y	9.236	9.636	[illegible]	[illegible]	[illegible]	[illegible]	[illegible]	[illegible]	[illegible]	[illegible]	[illegible]	8.9841	0.000926	8.9841	0.073179	9.2369	9.6331	9.235	9.635	0.000926	[illegible]	[illegible]
Durchmesser_SP3	3.4	3.6	[illegible]	[illegible]	[illegible]	[illegible]	[illegible]	[illegible]	[illegible]	[illegible]	[illegible]	4.3851	0.000913	4.3851	0.044934	3.4018	3.5982	3.400	3.600	0.000913	[illegible]	[illegible]
X-Wert_SP3	-22.025	-21.625	-21.8254	-21.8309	-21.8303	-21.8156	-21.8097	-21.8245	-21.8241	-21.6241	-21.8209	-21.8228	0.000838	21.8228	0.006726	21.6267	22.0233	21.625	22.025	0.000838	[illegible]	[illegible]
Y-Wert_SP3	67.2	67.8	67.5933	67.4103	67.5936	67.601	67.5297	67.5019	[illegible]	67.0802	67.5986	67.4876	0.001093	67.4876	0.166424	67.2022	67.7978	67.200	67.800	0.001093	[illegible]	7.09E-06
Z-Wert_SP3	69.95	70.55	70.2896	[illegible]	70.2863	70.3503	70.3362	70.4483	[illegible]	70.8111	70.3492	70.4329	0.001101	70.4329	0.168252	69.9522	70.5478	69.950	70.550	0.001101	[illegible]	[illegible]
Distanz_SP1_Thickness_Z	3.025	3.225	[illegible]	[illegible]	[illegible]	[illegible]	3.0578	[illegible]	[illegible]	[illegible]	[illegible]	2.9762	0.000909	2.9762	0.036429	3.0268	3.2232	3.025	3.225	0.000909	[illegible]	[illegible]
Distanz_SP1_Length_X	8.6	9	8.7189	8.692	8.7191	8.6998	8.6842	8.7104	8.6816	8.7504	8.7016	8.7064	0.000925	8.7064	0.021364	8.6018	8.9982	8.600	9.000	0.000925	[illegible]	[illegible]
Durchmesser_SP1	3.4	3.6	[illegible]	[illegible]	[illegible]	[illegible]	[illegible]	[illegible]	[illegible]	[illegible]	[illegible]	4.3025	0.000912	4.3025	0.016799	3.4018	3.5982	3.400	3.600	0.000912	[illegible]	[illegible]
X-Wert_SP1	-41.75	-41.15	-41.4395	-41.423	-41.4367	-41.4545	-41.4332	-41.4319	-41.4013	-41.2514	-41.4556	-41.4143	0.000782	41.4143	0.063246	41.1516	41.7484	41.150	41.750	0.000782	[illegible]	[illegible]
Y-Wert_SP1	-11.9	-11.5	-11.6746	-11.7284	-11.6759	-11.6974	-11.6659	-11.6613	-11.6420	-11.6351	-11.6909	-11.6747	0.000867	11.6747	0.028517	11.5017	11.8983	11.500	11.900	0.000867	2.16E-10	7.08E-13
Z-Wert_SP1	5.4	5.6	5.5092	5.5137	5.505	5.5069	5.5342	5.5334	5.5297	5.5345	5.5113	5.5198	0.000916	5.5198	0.012829	5.4018	5.5982	5.400	5.600	0.000916	[illegible]	[illegible]

Abbildung 5-23: α- und des β-Fehlers für die Toleranzklasse mittel

Anhand von Gl. 2-2 aus Kapitel 2.1 lässt sich der Anteil an produzierten Schlechtteilen p bestimmen. Da es sich hier um eine Abschätzung anhand einer kleinen Stichprobe handelt, ergibt sich mit dem Mittelwert der Stichprobe MW und der empirischen Standardabweichung s der Anteil an produzierten Schlechtteilen p_i bei einem Parameter aus Gl. 5-11:

$$p_i = 1 - \Phi\left(\frac{T_U - MW}{s}\right) + \Phi\left(\frac{T_L - MW}{s}\right) \qquad \text{Gl. 5-11}$$

Damit ergeben sich für die zu messenden Parameter die in der rechten Spalte in Abbildung 5-24 dargestellten Anteile an produzierten Schlechtteilen p_i bezogen auf den entsprechenden Parameter.

[283] Vgl. Verband der Automobilindustrie e.V. (Prüfprozesseignung) (2011), S. 42.

Messschieber (Toleranzklasse mittel)

Parameter	Mittelwert	Standardabweichung (sigma)	T_l	T_u	α-Fehler	β-Fehler	Anteil prodizierter Schlechtteile p
Distanz_SP2_Length_X	11,6992	0,072679	11,70	12,10	0,2436	6,78E-04	0,5041
Distanz_SP3_Length_Y	8,9841	0,073179	9,24	9,64	0,00018521	7,4467E-06	0,9997
Distanz_SP1_Length_X	8,7064	0,021364	8,60	9,00	0,0365	3,2878E-09	0,0000

KMG (Toleranzklasse mittel)

Parameter	Mittelwertes	Standardabweichung (sigma)	T_l	T_u	α-Fehler	β-Fehler	Anteil prodizierter Schlechtteile p
Distanz_SP2_Thickness_Z	3,0545	0,009303	3,000	3,200	6,27E-09	1,00E-11	2,285E-09
Distanz_SP2_Length_X	11,6992	0,072679	11,700	12,100	1,05E-02	3,95E-05	5,041E-01
Durchmesser_SP2	4,1136	0,013640	3,400	3,600	0,00E+00	0,00E+00	1,000E+00
X-Wert_SP2	-0,0004	0,005213	-0,100	0,100	1,39E-76	0,00E+00	0,000E+00
Y-Wert_SP2	0,0052	0,011472	-0,100	0,100	2,48E-16	3,23E-19	1,110E-16
Z-Wert_SP2	0,2542	0,004442	0,150	0,350	7,66E-96	0,00E+00	0,000E+00
Distanz_SP3_Thickness_X	2,9596	0,013449	2,850	3,050	1,57E-11	3,20E-14	8,815E-12
Distanz_SP3_Length_Y	8,9841	0,073179	9,235	9,635	2,76E-05	9,39E-08	9,997E-01
Durchmesser_SP3	4,3851	0,044934	3,400	3,600	5,35E-69	4,32E-71	1,000E+00
X-Wert_SP3	21,8228	0,006726	21,625	22,025	2,38E-184	0,00E+00	0,000E+00
Y-Wert_SP3	67,4876	0,166424	67,200	67,800	2,10E-03	7,09E-06	7,223E-02
Z-Wert_SP3	70,4329	0,168252	69,950	70,550	4,20E-03	1,79E-05	2,453E-01
Distanz_SP1_Thickness_Z	2,9762	0,035428	3,025	3,225	7,50E-03	3,43E-05	9,159E-01
Distanz_SP1_Length_X	8,7064	0,021364	8,600	9,000	1,84E-07	6,20E-10	3,140E-07
Durchmesser_SP1	4,3025	0,018799	3,400	3,600	0,00E+00	0,00E+00	1,000E+00
X-Wert_SP1	41,4143	0,063246	41,150	41,750	1,75E-06	5,81E-09	1,465E-05
Y-Wert_SP1	11,6747	0,028517	11,500	11,900	2,16E-10	7,05E-13	4,499E-10
Z-Wert_SP1	5,5198	0,012829	5,400	5,600	3,42E-10	7,50E-13	2,010E-10

Abbildung 5-24: Berechnungsergebnisse für die betrachteten Parameter

Damit sind nun die genauen Beträge des α- und des β-Fehlers sowie der Anteil produzierter Schlechteile für die einzelnen Parameter bekannt. Anhand dieser Werte und der Parameter aus Tabelle 5-10 lassen sich nun mit der Gl. 4-23 die genauen Fehlerkosten bestimmen.

In Tabelle 5-11 sind diese Fehlerkosten pro Bauteil aus dem Kostenmodell nach SON [284] aus Gl. 4-23 für die Parameter, welche mit dem Messschieber gemessen werden, dargestellt. Da auf die vorangegangenen Berechnungen der Parameter zurückgegriffen wird, liegt auch dieser Berechnung der Fehlerkosten die mittleren Toleranzklasse (siehe Tabelle 5-1) zugrunde.

Tabelle 5-11: Fehlerkosten pro Bauteil $K_{FK,s}$ nach Parameter für den Messschieber

Parameter	Fehlerkosten (in Euro)
Distanz_SP2_Length_X	24,16
Distanz_SP3_Length_Y	45,93
Distanz_SP1_Length_X	0,18

Analog zur Berechnung der Fehlerkosten wird auch die Berechnung der Fehlerkosten für die Messungen mit dem KMG durchgeführt. Das Resultat ist in Tabelle 5-12 aufgelistet.

[284] SON, Y. (A cost estimation model for advanced manufacturing systems), 1991, S.448 – 449.

Tabelle 5-12: Fehlerkosten pro Bauteil $K_{FK,s}$ nach Parameter für das KMG

Parameter	Fehlerkosten (in Euro)
Distanz_SP2_Thickness_Z	0,00
Distanz_SP2_Length_X	23,21
Durchmesser_SP2	45,94
X-Wert_SP2	0,00
Y-Wert_SP2	0,00
Z-Wert_SP2	0,00
Distanz_SP3_Thickness_X	0,00
Distanz_SP3_Length_Y	45,92
Durchmesser_SP3	45,94
X-Wert_SP3	0,00
Y-Wert_SP3	3,33
Z-Wert_SP3	11,29
Distanz_SP1_Thickness_Z	42,11
Distanz_SP1_Length_X	0,00
Durchmesser_SP1	45,94
X-Wert_SP1	0,00
Y-Wert_SP1	0,00
Z-Wert_SP1	0,00

Nun lässt sich die Summe der Fehlerkosten pro Bauteil berechnen. Für die zwei in Tabelle 5-9 beschriebenen Szenarien sind die Fehlerkosten in Tabelle 5-13 zusammenfassend dargestellt.

Tabelle 5-13: Fehlerkosten pro Bauteil $K_{FK,s}$ nach Parameter und für beide Szenarien

BP	Prüfmerkmal	1. Szenario		2. Szenario
		Messschieber	KMG	KMG
2	Distanz_Dicke_Z		0,00	0,00
	Distanz_Länge_X	24,16		23,21
	Durchmesser		45,94	45,94
	X-Koordinate		0,00	0,00
	Y-Koordinate		0,00	0,00
	Z-Koordinate		0,00	0,00
3	Distanz_Dicke_X		0,00	0,00
	Distanz_Länge_Y	45,98		45,92
	Durchmesser		45,94	45,94
	X-Koordinate		0,00	0,00
	Y-Koordinate		3,33	3,33
	Z-Koordinate		11,29	11,29
1	Distanz_Dicke_Z		42,11	42,11
	Distanz_Länge_X	0,18		0,00
	Durchmesser		45,94	45,94
	X-Koordinate		0,00	0,00
	Y-Koordinate		0,00	0,00
	Z-Koordinate		0,00	0,00
	Summe	264,90 Euro		263,68 Euro

Es ist ersichtlich, dass bei einzelnen Parametern teilweise erhebliche Fehlerkosten auftreten. Diese Fehlerkosten summieren sich auf einen erheblichen Betrag. Die Summenbildung stellt eine Abschätzung zur sicheren Seite dar, da in der Praxis in der Regel fehlerhafte Bauteile nicht nur bei einem Parameter abweichen, sondern bei mehreren. Beispielsweise schlägt sich eine abweichende Positionierung eines

Befestigungspunktes in mehreren Parametern nieder. Bei der Summenbildung wird jedoch unterstellt, dass ein Bauteil immer nur einen fehlerhaften Parameter besitzt, da beispielsweise keine Kostenreduktion durch Synergien bei der Reparatur berücksichtigt werden.

Da sich die Fehlerkosten aus Wahrscheinlichkeitsbetrachtungen ergeben, können sich bei kleinen Stichprobengrößen – wie in diesem Fall bei neun hergestellten Prototypen – in der Praxis erhebliche Abweichungen ergeben.

Nun werden die Kosten für die neun Prototypen berechnet. Dabei werden die Fehlerkosten pro Bauteil $K_{FK,s}$ mit der Anzahl an Prototypen nach Gl. 4-24 multipliziert.

Damit ergibt sich für das 1. Szenario:

$$K_{GF,1} = 9 \cdot 264{,}90\,Euro = 2384{,}10\,Euro \qquad \text{Gl. 5-12}$$

Für das 2. Szenario folgt analog:

$$K_{GF,2} = 9 \cdot 263{,}68\,Euro = 2373{,}12\,Euro \qquad \text{Gl. 5-13}$$

Es ist ersichtlich, dass die Fehlerkosten nur sehr geringfügig voneinander abweichen, da sich lediglich drei Prüfungen überhaupt mit dem Messschieber durchführen lassen. Bei diesen Prüfungen weichen die jeweiligen Fehlerkosten jedoch kaum voneinander ab.

5.4.3.2 Schritt 3.2: Fehlerverhütungskosten ermitteln

Wie in Kapitel 4.5 erläutert, werden bei der Berechnung der Fehlerverhütungskosten gemäß Abbildung 4-7 nur die Kosten für die geplanten Prüfungen nach Gl. 4-44 berücksichtigt. Um die Abschätzung der Qualitätsprüfkosten $K_{QP,j}$ des Prüfmittels j pro Bauteil durchführen zu können, sind zunächst die Gesamtnutzungsdauern der Prüfmittel und die jeweiligen Maschinen- und Personalstundensätze zu bestimmen.

Abschätzung der Gesamtnutzungsdauern der Prüfmittel

Für jedes Szenario muss der ungefähre Zeitaufwand erhoben werden, der für die Messung des jeweiligen Prüfmerkmals mit dem vorgegebenen Prüfmittel erforderlich ist. Um den Abschätzungsaufwand möglichst gering zu halten, wird eine Kategorisierung der Prüfungen vorgenommen. Es werden lediglich die Kategorien „einfach“ und „schwierig“ unterschieden und mit entsprechenden variablen Zeiten für die einzelnen Prüfmittel belegt.

In Tabelle 5-14 sind die Vorgabewerte für die Berechnung angegeben. Diese Angaben beruhen auf Erfahrungswerten für das Fallbeispiel und variieren je nach vorliegender Messaufgabe und den zugehörigen Rahmenbedingungen.

Tabelle 5-14: Variable Zeiten für die Messung nach Aufwand

Aufwand der Messung	Benötigte variable Zeit (in min) für die Messung beim...	
	Messschieber	KMG
gering	1,5	1,25
hoch	2,5	1,75

Aus Tabelle 5-15 wird ersichtlich, wie der Messaufwand für die einzelnen Prüfmerkmale basierend auf Erfahrungswerten für das 1. und das 2. Szenario eingeschätzt wird.

Tabelle 5-15: Messaufwand für die einzelnen Parameter in Minuten

BP	Prüfmerkmal	1. Szenario		2. Szenario
		Messschieber (in min)	KMG (in min)	KMG (in min)
2	Distanz_Dicke_Z		1,25	1,25
	Distanz_Länge_X	1,5		1,25
	Durchmesser		1,75	1,75
	X-Koordinate		1,25	1,25
	Y-Koordinate		1,25	1,25
	Z-Koordinate		1,25	1,25
3	Distanz_Dicke_X		1,25	1,25
	Distanz_Länge_Y	1,5		1,25
	Durchmesser		1,75	1,75
	X-Koordinate		1,25	1,25
	Y-Koordinate		1,25	1,25
	Z-Koordinate		1,25	1,25
1	Distanz_Dicke_Z		1,25	1,25
	Distanz_Länge_X	1,5		1,25
	Durchmesser		1,75	1,75
	X-Koordinate		1,25	1,25
	Y-Koordinate		1,25	1,25
	Z-Koordinate		1,25	1,25
Σ	-	**4,5**	**20,25**	**24,00**

Somit wurde eine grobe Abschätzung des Messaufwandes anhand der einzelnen Prüfmerkmale durchgeführt. In der letzten Zeile von Tabelle 5-15 findet sich zudem der aufsummierte variable zeitliche Messaufwand für beide Szenarien, welcher als gesamte variable Nutzungsdauer $t_{vges,j}$ in Gl. 4-45 eingeht.

Tabelle 5-16: Fixzeiten t_{fix} der Prüfmittel

Dauer	Messschieber	KMG
Fixzeit t_{fix} [min]	1	58

In Tabelle 5-16 sind die Fixzeiten t_{fix} für die zwei Prüfmittel aufgeführt, welche für dieses Fallbeispiel anhand von Vorversuchen abgeschätzt wurden. Nach Gl. 4-45 ergeben sich aus Tabelle 5-15 und Tabelle 5-16 die folgenden Gesamtnutzungsdauern für die zwei Szenarien.

Tabelle 5-17: Gesamtnutzungsdauer t_{nutz} der Prüfmittel nach Szenarien

Dauer	1. Szenario		2. Szenario
	Messschieber (in min)	KMG (in min)	KMG (in min)
Gesamtnutzungsdauer t_{nutz} [min]	5,5	78,25	82

Damit sind die Gesamtnutzungsdauern der Prüfmittel abgeschätzt worden und können für die weitere Berechnung verwendet werden.

Abschätzung der Maschinen- und Personalstundensätze

Die Maschinenstundensätze $k_{Mas,j}$ für den Messschieber und das KMG lassen sich anhand von Gl. 4-46 bis Gl. 4-51 bestimmen. In Tabelle 5-18 sind die für die Berechnung relevanten Parameter angegeben.

Tabelle 5-18: Parameter zur Bestimmung des Maschinenstundensatzes[285]

Parameter [Einheit]	Prüfmittel	
	Messschieber	KMG
kalkulatorischer Zinssatz [%/ Jahr]	5,74	5,74
Nutzungsdauer [Jahre]	8	8
Anschaffungswert [€]	90	65.000
Raumbedarf [m²]	0	8
Raumkostensatz [Jahr*€/ m²]	120	120
Instandhaltungsfaktor	0,02	0,03
Stromverbrauch [kWh]	0	0,38
Strompreis [€/ kWh]	0,17	0,17
kalkulatorische Abschreibung [€/ h]	0,0056	4,0625
kalkulatorische Zinsen [€/ h]	0,0013	0,9328
Instandhaltungskosten [€/ h]	0,0009	0,98
Raumkosten [€/ h]	0	0,48
Energiekosten [€/ h]	0	0,0654
Maschinenstundensatz k_{Mas} [€/ h]	0,01	6,52

Es ergibt sich somit ein Maschinenstundensatz für den Messschieber in Höhe von $k_{Mas,MS} = 0{,}01€/h$ und für das KMG in Höhe von $k_{Mas,KMG} = 6{,}52€/h$.

Da der Messschieber einen sehr geringen Maschinenstundensatz besitzt, sollte er bei einer Eignung für bestimmte Merkmale bevorzugt verwendet werden, wobei jedoch der Wechsel vom einen zu einem anderen Prüfmittel aus wirtschaftlicher Sicht möglichst zu vermeiden ist.

Wie in Gl. 4-44 beschrieben, müssen zusätzlich die Personalstundensätze $k_{Pers,j}$ ermittelt werden. Insbesondere beim Einsatz des KMG ist eine entsprechende Qualifikation des Prüfers erforderlich. Für die Anwendung des Messschiebers ist keine besondere Qualifikation notwendig. Daher werden für die

[285] Es handelt sich hierbei um Parameter, welche in den Jahren 2018 und 2019 aus unterschiedlichen Quellen und aus Experteninterviews ermittelt wurden.

Berechnung die Tarifklassen EG 6 und EG 5 zugrunde gelegt. Das Jahresentgelt für Beschäftigte in den Tarifklassen EG 5 und EG 6 beträgt 31086 € bzw. 31890 € basierend auf 12 brutto Monatsentgelten[286].

Zusätzlich müssen die Sozialabgaben des Arbeitgebers berücksichtigt werden, welche auf das brutto Jahresentgelt aufgeschlagen werden. Aus der Summe der Beitragssätze der Rentenversicherung (9,3 %), gesetzlichen Krankenversicherung (7,3%), Arbeitslosenversicherung (7,0%), Pflegeversicherung (1,275%) und der gesetzlichen Unfallversicherung (1,6%) ergibt sich ein Aufschlag in Höhe von 26,475%.

Dies führt zu den folgenden Personalkosten W_{Pers} pro Arbeitnehmer für die zwei Tarifklassen EG 5 und EG 6:

$$W_{Pers,EG5} = 31086€ \cdot 1{,}26475 = 39316{,}02€ \qquad \text{Gl. 5-14}$$

$$W_{Pers,EG6} = 31890€ \cdot 1{,}26475 = 40332{,}88€ \qquad \text{Gl. 5-15}$$

Um den Personalstundensatz berechnen zu können, muss die Anzahl produktiver Arbeitsstunden t_{prod} ermittelt werden. Es wird angenommen, dass ein Mitarbeiter im Durchschnitt an 210 Tagen im Jahr regulär arbeitet. Dabei sind Urlaubstage, Feiertage und Krankheitstage bereits berücksichtigt. Daraus resultiert bei einer täglichen Arbeitszeit von 8h für die Anzahl an produktiven Arbeitsstunden pro Jahr t_{prod}:

$$t_{prod} = 210d \cdot 8\frac{h}{d} = 1680h \qquad \text{Gl. 5-16}$$

Aus Gl. 4-52 ergeben sich die Personalstundensätze für die Tarifklassen EG 5 und EG 6:

$$k_{Pers,EG5} = \frac{39316{,}02€}{1680h} = 23{,}40€/h \qquad \text{Gl. 5-17}$$

$$k_{Pers,EG6} = \frac{40332{,}88€}{1680h} = 24{,}01€/h \qquad \text{Gl. 5-18}$$

Berechnung der Qualitätsprüfkosten

Damit ergeben sich nach Gl. 4-44 die folgenden Qualitätsprüfkosten:

$$K_{QPM,j} = t_{nutz,j} \cdot \left(k_{Mas,j} + k_{Pers,j}\right) \qquad \text{Gl. 5-19}$$

Für den Messschieber ergeben sich nach dem 1. Szenario somit exemplarische Qualitätsprüfkosten in Höhe von

[286] Der Berechnung liegt die Entgelttabelle von Metall NRW (Verband der Metall- und Elektro-Industrie Nordrhein-Westfalen e.V.) zugrunde, gültig vom 1. April 2018 bis zum 31. Mai 2023. Es wird lediglich das Monatsgrundentgelt berücksichtigt ohne Zusatzleistungen.

$$K_{QPM,j} = 5{,}5\text{min} \cdot \left(0{,}01\frac{€}{h} + 23{,}40\frac{€}{h}\right) = 2{,}15€ \qquad \text{Gl. 5-20}$$

Analog dazu werden die Qualitätsprüfkosten für die anderen Prüfmittel basierend auf Tabelle 5-17 und Tabelle 5-18 für die jeweiligen Szenarien berechnet. In Tabelle 5-19 sind die Ergebnisse dargestellt.

Tabelle 5-19: Qualitätsprüfkosten $K_{QPS,s}$ pro Bauteil für die zwei Szenarien

Kosten [in €]	1. Szenario		2. Szenario
	Messschieber	KMG	KMG
Qualitätsprüfkosten $K_{QP,j}$	2,15	39,82	41,72
Σ Qualitätsprüfkosten	41,97		41,72

Es zeigt sich, dass die Qualitätsprüfkosten $K_{QPS,s}$ für die unterschiedlichen Szenarien sich nur sehr geringfügig unterscheiden.

Nach Gl. 4-56 ergeben sich damit für die neun Prototypen folgende gesamte Qualitätsprüfkosten $K_{GP,s}$ für die zwei vorgestellten Prüfszenarien:

$$K_{GP,1} = 9 \cdot 41{,}97\ Euro = 377{,}73 Euro \qquad \text{Gl. 5-21}$$

$$K_{GP,2} = 9 \cdot 41{,}72\ Euro = 375{,}48 Euro \qquad \text{Gl. 5-22}$$

Wie bei den Fehlerkosten in Kapitel 5.4.3.1 festgestellt, weichen auch die Qualitätsprüfkosten nur sehr geringfügig voneinander ab.

Wie in Gl. 4-22 beschrieben, ergeben sich die Qualitätskosten aus der Summe der ermittelten Gesamtfehlerkosten und der Gesamtqualitätsprüfkosten für ein bestimmtes Prüfszenario s. Damit ergibt sich:

$$K_{GQ,1} = 2384{,}10\ Euro + 377{,}73 Euro = 2761{,}83\ Euro \qquad \text{Gl. 5-23}$$

$$K_{GQ,2} = 2373{,}12\ Euro + 375{,}48 Euro = 2748{,}60\ Euro \qquad \text{Gl. 5-24}$$

Damit beträgt die Abweichung bei den gesamten Qualitätsprüfkosten der zwei Prüfszenarien $\Delta K_{GQ} = 13{,}23\ Euro$. Es ist darauf zurückzuführen, dass sich im 1. Szenario lediglich drei Prüfungen überhaupt mit dem Messschieber durchführen lassen. Der Messschieber besitzt einen sehr geringen Maschinenstundensatz und eine sehr geringe Fixzeit im Vergleich zum KMG. Daher wirkt sich der Einsatz eines weiteren Prüfmittels neben dem KMG nur sehr begrenzt auf die gesamten Qualitätsprüfkosten aus.

5.4.3.3 Schritt 3.3: Wirtschaftlichkeit der Prüfungen bewerten

Da es sich bei dem betrachteten Bauteil um ein Urmodell zur Erzeugung eines Prototyps handelt, sind keine Restriktionen und Vorgaben seitens des Gesetzgebers bekannt. Damit lässt sich wie in Kapitel 4.5.3 beschrieben nach Gl. 4-62 näherungsweise die untere Grenze des Kostensatzes k_a ermitteln. Den Kostensatz k_a darf ein Schlechtteil beim Kunden verursachen, damit sich die Prüfungen bei den angesetzten Kostensätzen unter den beschriebenen Rahmenbedingungen gerade noch wirtschaftlich auszahlen. Hier werden die bereits beschriebenen Parameter für das 1. Szenario und das 2. Szenario verwendet.

Der in Gl. 4-57 beschriebene Anteil an produzierten Schlechtteilen liegt noch nicht vor. Dieser lässt sich aus der Gegenwahrscheinlichkeit zur Herstellung eines Gutteils bestimmen. Damit ergibt sich:

$$p = 1 - p_g \qquad \text{Gl. 5-25}$$

p: Wahrscheinlichkeit eines Schlechtteils

p_g: Wahrscheinlichkeit eines Gutteils

Es ergibt sich ein Gutteil, wenn das Bauteil bei sämtlichen gemessenen Prüfmerkmale i keinen Mangel aufweist. Damit ergibt sich mit der Wahrscheinlichkeit eines Mangels p_i bei einem Prüfmerkmal i:

$$p_g = \prod (1 - p_i) \qquad \text{Gl. 5-26}$$

Bei Betrachtung der Wahrscheinlichkeiten für ein Schlechtteil aus Abbildung 5-24 wird ersichtlich, dass die Wahrscheinlichkeit für ein Schlechtteil für beide Szenarien bei nahezu $p \approx 100\% = 1$ liegt. Dies hat zur Folge, dass sich Gl. 4-62 folgendermaßen vereinfacht:

$$k_a > k_b + (1 - w)k_s + \frac{(1-1)\,k_g + K_{GP,1}}{1 \cdot (1 - \beta)} = k_b + (1 - w)k_s + \frac{K_{GP,1}}{(1 - \beta)} \qquad \text{Gl. 5-27}$$

Mit den beschriebenen Werten aus Tabelle 5-10 und Gl. 5-21 sowie der Summe der β-Fehler für die einzelnen Parameter $\sum \beta_1 = 0{,}0745\%$ für das 1. Szenario aus Abbildung 5-24 ergibt sich für das 1. Szenario:

$$k_{a,1} > 10{,}00€ + (1 - 0{,}2) \cdot 44{,}92€ + \frac{377{,}73€}{(1 - 0{,}000745)} = 423{,}95€ \qquad \text{Gl. 5-28}$$

Analog dazu ergibt sich für das 2. Szenario mit der Summe der β-Fehler für die einzelnen Parameter $\sum \beta_2 = 0{,}0099\%$:

$$k_{a,2} > 10{,}00€ + (1 - 0{,}2) \cdot 44{,}92€ + \frac{375{,}48€}{(1 - 0{,}000099)} = 421{,}45€ \qquad \text{Gl. 5-29}$$

Der Kostensatz k_a beschreibt die Kosten, welche durch ein Schlechtteil beim Kunden entstehen. Bei einem Grenzkostensatz in Höhe von $k_{a,1} = 423{,}95€$ im 1. Szenario bzw. $k_{a,1} = 421{,}45€$ im 2. Szenario entsprechen die Qualitätskosten ohne Prüfungen den Qualitätskosten der beschriebenen Prüfungen. Da im Fallbeispiel des Prototypfrontscheinwerfers auf Grund der aufwendigen und kostenintensiven Crashtests eine grobe Abschätzung des Kostensatzes k_a zu einem Betrag in Höhe von $k_a = 1200€$ führt, stellt die Durchführung der beschriebenen Prüfungen sowohl im 1. Szenario als auch im 2. Szenario die eindeutig wirtschaftlichere Vorgehensweise dar. Außerdem zeigt sich anhand der Gl. 5-27, dass der β-Fehler einen großen Einfluss auf den Grenzkostensatz besitzt und daher durch die Wahl eines geeigneten Prüfmittels möglichst gering gehalten werden sollte.

5.5 Fazit aus dem Fallbeispiel Pkw-Frontscheinwerfer

In dem Fallbeispiel wurde die in den vorangegangenen Kapiteln entwickelte Methodik auf das additiv gefertigte Urmodell für das Gehäuse eines Prototypfrontscheinwerfers eines Pkw angewendet. Basierend auf den Eignungsnachweisen der potenziellen Prüfmittel, Messschieber und KMG, für die identifizierten Prüfmerkmale wurden zwei Prüfszenarien abgeleitet. Im ersten Prüfszenario kamen sowohl der Messschieber als auch das KMG zum Einsatz, im zweiten Szenario lediglich das KMG bei sämtlichen Prüfmerkmalen. Es wurde gezeigt, dass sich das zweite Szenario, in dem sämtliche Prüfmerkmale ausschließlich mit dem KMG geprüft werden, als etwas wirtschaftlicher herausstellt als das 1. Szenario. Da es sich bei dem Prototyp nicht um ein besonders kritisches Bauteil handelte, das entsprechenden regulatorischen Vorgaben unterworfen ist, wurde für beide Szenarien zusätzlich gezeigt, dass eine Prüfung der Bauteile deutlich wirtschaftlicher ist als der Verzicht auf sämtliche Prüfungen.

Durch das Fallbeispiel wurde nachgewiesen, dass sich die in Kapitel 4 entwickelte Methodik zur Berechnung der Qualitätskosten auf additiv gefertigte Komponenten anwenden lässt. Anhand der Methodik lässt sich eine systematische Bewertung der Wirtschaftlichkeit unterschiedlicher Prüfszenarien vornehmen. Aus den Berechnungen lassen sich Handlungsempfehlungen ableiten und somit alternative Prüfszenarien herleiten oder bestehende adaptieren.

6 Zusammenfassung und Ausblick

In diesem abschließenden Kapitel wird die Arbeit reflektiert und zusammengefasst (Kapitel 6.1). Daran schließt sich in Kapitel 6.2 ein Ausblick auf mögliche weitere interessante Forschungsfelder an.

6.1 Zusammenfassung

Ausgehend von der Problemstellung wurden das Ziel und die zugehörigen Forschungsfragen formuliert. Das Ziel der Arbeit war es, eine Methodik zur Bestimmung der Qualitätskosten bei additiv gefertigten Bauteilen auszuarbeiten. Dabei sollten sowohl die Unsicherheiten bei den geometrischen Abmessungen als auch die Herstell- und Prüfkosten berücksichtigt werden. Folgende Hauptforschungsfrage war durch die entwickelte Methodik zu beantworten:

Lassen sich die Qualitätskosten von additiv gefertigten Prototypen aus Kunststoff merkmalspezifisch für unterschiedliche Prüfungen modellieren?

Zunächst wurden im *zweiten Kapitel* die notwendige Terminologie und die wissenschaftlichen Grundlagen in den Objektbereichen *Prototypen*, *additive Fertigungsverfahren*, *Bauteilprüfungen* und *Qualitätskosten* erarbeitet und der Forschungsbedarf abgeleitet. Es zeigte sich, dass keine Systematik bekannt ist, mit der strukturiert erfasst werden kann, zu welchem Zweck welche Art von Prototyp in den verschiedenen Phasen des Produktentstehungsprozesses und den beteiligten Abteilungen verwendet werden. Außerdem wurde ermittelt, dass die geometrischen Spezifikationen eines funktionalen Bauteils wie eines Prozessprototyps bei der Kostenberechnung häufig nicht berücksichtigt werden. Auch der Einfluss der Unsicherheiten der geometrischen Abmessungen bei additiv gefertigten Bauteilen wird in der Regel vernachlässigt. Generell ließ sich folgern, dass die Qualitätssicherung bei additiv gefertigten Bauteilen oft noch nicht in dem Maße bedacht wurde, wie bei konventionellen Bauteilen.

Aus diesen Forschungsdefiziten ließen sich entsprechende Forschungsbedarfe ableiten, die in den folgenden Kapiteln bearbeitet wurden. In *Kapitel 3* wurde eine Systematik für die Verwendung von Prototypen erstellt, um den Umfang des Prototypeneinsatzes abschätzen zu können. Ausgehend vom Prozessmodell der integrierten Produktentwicklung nach ANDREASEN und HEIN sind den Schlüsselaufgaben in den einzelnen Phasen der Produktentwicklung zunächst die relevanten Kriterien der Produktentwicklung und die zugehörigen Einsatzszenarien auf Basis einer umfangreichen Literaturrecherche zugeordnet worden. Anschließend wurde dieser Kombination aus Kriterium und Szenario dann ein Prototypenzweck und eine Prototypenart zugewiesen. Dazu wurden für eine Kategorisierung geeignete Zwecke (Kommunikationshilfe, Dokumentationshilfe, Analysehilfe, Evaluationshilfe und Lösungshilfe) sowie Prototypenarten (Formprototyp, Funktionsprototyp und Prozessprototyp) identifiziert und den Einsatzszenarien zugeordnet. Es konnte gezeigt werden, dass Funktions- und Prozessprototypen mit ihren hohen Genauigkeitsanforderungen insbesondere in den fortgeschrittenen Phasen des Entwicklungsprozesses zum Einsatz kommen. Mit additiven Fertigungsverfahren lassen sich die für diese Prototypenarten häufig erforderlichen Fertigungsgenauigkeiten prinzipiell erzielen. Aufgrund der teilweise jedoch vorhandenen Instabilitäten bei den additiven Herstellungsverfahren besitzt die Überwachung der Fertigungstoleranzen durch Prüfungen einen besonders hohen Stellenwert. Um bei der Produktion von Kleinserien die Wirtschaftlichkeit sicherzustellen, sollte auch eine Analyse der Qualitätskosten erfolgen.

Wie die Durchführung von Prüfungen am Prozessprototyp die Wirtschaftlichkeit des Einsatzszenarios beeinflusst, wurde in *Kapitel 4* durch die Entwicklung der Methodik zur Bestimmung der Qualitätskosten beschrieben. Nach der Erhebung der Anforderungen an die Methodik, welche sich primär aus den Forschungsbedarfen ergeben, erfolgte die Konzeptionierung der Methodik. Sie besteht aus den drei Phasen: 1. Prüfmerkmale identifizieren, 2. Prüfmittel auswählen und 3. Qualitätskosten berechnen.
In der ersten Phase werden zunächst die kritischen Prüfmerkmale beispielsweise aus der FMEA abgeleitet. Daran schließt sich eine Priorisierung der Prüfmerkmale basierend auf der gewichteten Prüfnotwendigkeit an.
In der zweiten Phase werden die Prüfmittel im Rahmen einer Vorauswahl anhand technischer, organisatorischer und wirtschaftlicher Kriterien eingegrenzt. Dabei besitzt die Erfahrung des Prüfpersonals einen großen Einfluss. Diese vorausgewählten potenziellen Prüfmittel werden auf ihre Eignung für die vorliegende Prüfaufgabe anhand zweier Bedingungen untersucht. Die erste Bedingung bezieht sich auf die Auflösung des Prüfmittels und die zweite Bedingung auf die minimal mögliche Toleranz. Die Gültigkeit ist für jedes vorausgewählte Prüfmerkmal und die zugehörigen potenziellen Prüfmittel abzuschätzen. Bei einem späteren Einsatz des Prüfmittels unter realen Bedingungen muss jedoch zunächst der Fähigkeitsnachweis für den gesamten Messprozess durchgeführt werden.
In der dritten Phase werden dann die Qualitätskosten berechnet. Dazu wurde zunächst das Kostenmodell entworfen. Das Kostenmodell untergliedert die Qualitätskosten in Fehlerkosten und Fehlerverhütungskosten. Die Fehlerkosten ergeben sich im ersten Schritt aus den Kosten für Ausschuss und Nacharbeit sowie den Gewährleistungs- und Kulanzkosten. Sie lassen sich anhand des Kostenmodells nach SON berechnen, welches als Eingangsparameter unter anderem den α- und den β-Fehler besitzt. Im nächsten Schritt werden die Fehlerverhütungskosten berechnet. Diese umfassen die Kosten für die geplanten Prüfungen, welche sich aus der Nutzungsdauer des Prüfmittels und den Stundensätzen von Bediener und Prüfmittel ergeben. Im dritten Schritt wurde eine abschließende Bewertung der Wirtschaftlichkeit der Prüfungen vorgenommen, indem ein Szenario gänzlich ohne Prüfungen mit einem Szenario mit Prüfungen verglichen wird. Es zeigte sich, dass für die Anwendung der Methodik eine Vielzahl an Eingangsparametern erforderlich ist. Einige dieser Parameter wurden in den Kapiteln 4.5.1.2.1 und 4.5.1.2.2 in zwei separaten Modulen hergeleitet, sodass sie für die Kostenmodelle der Methodik zur Verfügung stehen. Im ersten Modul werden die Herstellkosten für ein additiv nach dem FDM-Verfahren gefertigtes Bauteil berechnet. Dabei werden die zentralen Berechnungsparameter – verbrauchtes Materialvolumen und Druckprozesszeiten – direkt aus den CAD-Geometriedaten bzw. der STL-Datei des Bauteils ermittelt. Im zweiten Modul erfolgt die Bestimmung der α- und β-Fehler. Aus der Norm „ISO/IEC GUIDE 98-4“ wurden die Gleichungen zur Berechnung identifiziert und in einem Berechnungstool in der Software Matlab umgesetzt.

In *Kapitel 5* wurde zunächst die Validierung des ersten Moduls zur Berechnung der Herstellungskosten aus CAD-Geometriedaten und des zweiten Moduls zur Bestimmung der α- und β-Fehler jeweils anhand eines Fallbeispiels durchgeführt. Daran schloss sich die Validierung der gesamten Methodik am Beispiel eines additiv gefertigten Urmodells für das Vakuumgussverfahren an. Das Urmodell bildete das Gehäuse eines Prototypfrontscheinwerfers für PKW ab. Nach der Identifizierung und Priorisierung der Prüfmerkmale wurden als Prüfmittel der Messchieber und das KMG vorausgewählt und auf ihre Eignung für die Messung der jeweiligen Prüfmerkmale untersucht. Basierend auf den Untersuchungsergebnissen wurden zwei Prüfszenarien entwickelt. Das erste Szenario umfasste eine kombinierte Prüfung mit Messschieber und KMG. Im zweiten Szenario wurden hingegen sämtliche Prüfungen mit dem KMG durchgeführt. Es ergab sich, dass das zweite Prüfszenario geringere Kosten verursacht und daher zu bevorzugen ist. Da es sich bei dem Prototyp nicht um ein sicherheitskritisches Bauteil handelte, das beispielsweise besonderen Restriktionen seitens des Gesetzgebers unterworfen ist, werden bei der abschließenden Bewertung beider Prüfszenarien in einer Modellrechnung nur Wirtschaftlichkeitsaspekte berücksichtigt.

Das beschriebene Vorgehen gemäß dem Prozess der angewandten Forschung nach ULRICH führt zu einer positiven Beantwortung der in Kapitel 1.2 formulierten und eingangs wiederholten Hauptforschungsfrage. Die positive Beantwortung der Hauptforschungsfrage resultiert aus der jeweils positiven Antwort auf die vier in Kapitel 1.2 definierten Forschungsfragen. Damit weist die Arbeit nach, dass sich die Qualitätskosten von additiv gefertigten Prototypen aus Kunststoff merkmalspezifisch für unterschiedliche Prüfungen modellieren lassen.

6.2 Ausblick

Aus Sicht des Autors lassen sich aufbauend auf den in dieser Arbeit ermittelten Erkenntnissen einige Forschungsbedarfe für zukünftige Forschungsaktivitäten ableiten.

Bei der Validierung der gesamten Methodik ist im Fallbeispiel eine Eingrenzung auf additiv gefertigte Bauteile mit einer Stichprobengröße von neun Bauteilen vorgenommen worden. Eine Ausweitung des Anwendungsrahmens der Methodik auf konventionell gefertigte Bauteile ist in jedem Falle denkbar. Das Modul 1 zur Bestimmung der Herstellkosten von additiv gefertigten Bauteilen basierend auf den Geometriedaten aus der STL-Datei ließe sich dann zwar nicht einsetzen, da konventionelle gefertigte Bauteile nicht schichtweise aufgebaut werden, es ließen sich jedoch viele Fallbeispiele finden, bei denen eine deutlich größere Stichprobe realisiert ist.

Darüber hinaus wäre eine differenziertere Erhebung der einzelnen Parameter des Kostenmodelles nach SON (siehe Gl. 4-23 in Kapitel 4.5) ein möglicher Forschungsansatz. Insbesondere eine detailliertere Analyse der Zusammensetzung des Kostensatzes k_a, der die Kosten in Folge der Unzufriedenheit des Kunden beschreibt, wenn ein Schlechtteil zum Kunden gelangt, würde die Genauigkeit der Wirtschaftlichkeitsbetrachtung erhöhen, da auf diese Weise entsprechende Schätzungen der Kostensätze systematischer vorgenommen werden könnten. Da die Unzufriedenheit des Kunden jedoch ein sehr komplexer Gemütszustand ist, der viele Facetten beinhaltet, sind entsprechende Kostenschätzzungen grundsätzlich schwierig und in der Regel sehr aufwendig, wenn eine große Genauigkeit angestrebt wird.

Bei einer Erweiterung der Methodik könnten neuartige Prüfverfahren in die Betrachtung einbezogen werden. Beispielsweise wäre es möglich, Inlineprüfungen mit den eingesetzten Prüfmitteln zu berücksichtigen. Diese Prüfungen werden bereits während des Bauteilaufbaus fertigungsbegleitend durchgeführt. Damit lassen sich Fehler frühzeitig erkennen. Es kann gegebenenfalls sogar in den Fertigungsprozess eingegriffen werden, sodass ein Bauteil entweder korrigiert oder direkt verworfen wird. Wie sich dieser Sachverhalt auf die Qualitätskosten auswirkt, wäre eine bedeutsames potenzielles Forschungsthema.

VI Literaturverzeichnis

Albers, S. (1995): Modellbasiertes Prototyping. Entwicklung betrieblicher Anwendungssysteme auf der Basis von Metamodellen. Wiesbaden: Deutscher Universitätsverlag.

Andreasen, M.; Hein, L. (1987): Integrated product development. Bedford: IFS (Publications).

Armatec (2014): Open Source Robotic Arm (Lite Arm i2). URL: http://www.thingiverse.com/thing:480446 [Stand: 26.07.2021].

Awiszus, B.; Bast, J.; Dürr, H.; Matthes, K.-J. (2016): Grundlagen der Fertigungstechnik. 6. Aufl. Aufl. München: Hanser, Carl.

Baumers, M. (2012): Economic aspects of additive manufacturing: benefits, costs and energy consumption. URL: https://dspace.lboro.ac.uk/dspace-jspui/bitstream/2134/10768/3/Thesis-2012-Baumers.pdf [Stand: 05.04.2016].

Bellgran, M.; Säfsten, K. (2010): Production development. Design and operation of production systems. London: Springer.

Berger, U.; Hartmann, A.; Schmid, D. (2013): Additive Fertigungsverfahren. Rapid Prototyping, Rapid Tooling, Rapid Manufacturing. Haan-Gruiten: Europa-Lehrmittel.

Braian, M.; Jimbo, R.; Wennerberg, A. (2016): Production tollerance of additive manufactured polymeric objects for clinical application, S. 854–861.

Breuninger, J.; Becker, R.; Wolf, A.; Rommel, S.; Verl, A. (2013): Generative Fertigung mit Kunststoffen. Konzeption und Konstruktion für Selektives Lasersintern. Berlin, Heidelberg: Springer.

Brown, T. (2008): Design thinking. In: Harvard business review : HBR ; ideas with impact ; published for professional managers, is a programm in executive education of the Graduate School of Business Administration, Harvard University. (86), Nr. 6, S. 84–92.

Brückner, C. (2011): Qualitätsmanagement. München: Carl Hanser Verlag GmbH & Co. KG.

Brüggemann, H.; Bremer, P. (2020): Grundlagen Qualitätsmanagement. Wiesbaden: Springer Fachmedien Wiesbaden.

Brunner, F.; Wagner, K.; Durakbasa, N. (2011): Taschenbuch Qualitätsmanagement. Leitfaden für Studium und Praxis. 5. Aufl. Aufl. s.l.: Carl Hanser Fachbuchverlag.

Bullinger, H.-J. (1990): F & E - heute. Industrielle Forschung und Entwicklung in der Bundesrepublik Deutschland : IAO-Studie. München: Gfmt-Gesellschaft für Management und Technologie.

Cooper, R. (2002): Top oder Flop in der Produktentwicklung. Erfolgsstrategien: von der Idee zum Launch. 1. Aufl. Aufl. Weinheim: Wiley-VCH.

Cooper, R.; Kaplan, R. (1988): Measure costs right: make the right decisions. In: Harvard business review. (66), Nr. 5, S. 96–103.

Dietrich, E. (2011): Wo liegen die Unterschiede? - Vergleich von MSA und VDA Band 5. In: QZ Qualität und Zuverlässigkeit. (56), Nr. 6, S. 30–34.

Dimitrov, D.; W.van Wijck, W.; Schreve, K.; Beer, N. de; **Meljer, J. (2003):** An Investigation of the Capability Profile of the Three Dimensional Printing Process with an Emphasis on the Achievable Accuracy. (52), Nr. 1, S. 189–192.

DIN 1319-1:1995. (1995): Grundlagen der Meßtechnik - Teil 1: Grundbegriffe. Berlin: Beuth Verlag GmbH.

DIN EN ISO 17296-3:2016. (2016): Additive Fertigung - Grundlagen - Teil 3: Haupteigenschaften und entsprechende Prüfverfahren. Berlin: Beuth Verlag GmbH.

DIN EN ISO 9000:2015. (2015): Qualitätsmanagementsysteme – Grundlagen und Begriffe. Berlin: Beuth Verlag GmbH.

DIN ISO 2768-1. (1991): Allgemeintoleranzen. Berlin: Beuth Verlag GmbH.

Dohr, F.; Vielhaber, M. (2011): Modellierung und Simulation im mechatronischen Produktentwicklungsprozess. In: Krause, D. (Hrsg.): Design for X. Beiträge zum 22. DfX-Symposium, Oktober 2011. Hamburg: TuTech-Verl., S. 129–140.

Doll, B. (2009): Prototyping zur Unterstützung sozialer Interaktionsprozesse. Wiesbaden: Gabler Verlag / GWV Fachverlage GmbH, Wiesbaden.

Ehrlenspiel, K.; Kiewert, A.; Lindemann, U.; Mörtl, M. (2014): Kostengünstig Entwickeln und Konstruieren. Kostenmanagement bei der integrierten Produktentwicklung. 7. Aufl. Aufl. Berlin, Heidelberg, s.l.: Springer Berlin Heidelberg.

Ehrlenspiel, K.; Kiewert, A.; Lindemann, U.; Mörtl, M. (2020): Kostengünstig Entwickeln und Konstruieren. Berlin, Heidelberg: Springer Berlin Heidelberg.

Ehrlenspiel, K.; Meerkamm, H. (2013): Integrierte Produktentwicklung. Denkabläufe, Methodeneinsatz, Zusammenarbeit. 5. Aufl. München: Hanser.

Eigner, M. (2008): Product lifecycle management. London: Springer.

Eigner, M. (2014): Einleitung – Modellbasierte Virtuelle Produktentwicklung. In: Eigner, M.; Roubanov, D.; Zafirov, R. (Hrsg.): Modellbasierte virtuelle Produktentwicklung. Heidelberg: Springer, S. 1–13.

Eversheim, W. (1989): Organisation in der Produktionstechnik Band 4. Fertigung und Montage. 2 Aufl. Berlin, Heidelberg: Springer.

Eversheim, W.; Michaeli, W.; Kölscheid, W.; Langen, M.; Schulten, I. (1998): Integrated Product Development supported by Rapid Prototyping & Tooling Technologies. In: Tagungsband zum IDEA 97. Aachen, 1997, S. 89–93.

Expertenkommission Forschung und Innovation (2015): Gutachten zu Forschung, Innovation und technologischer Leistungsfähigkeit Deutschlands 2015. Berlin.

Fastermann, P. (2014): 3D-Drucken. Wie die generative Fertigungstechnik funktioniert. Berlin: Springer Verlag.

Feldhusen, J.; Grote, K.-H.; Pahl, G.; Beitz, W. (2013): Pahl/Beitz Konstruktionslehre. Methoden und Anwendung erfolgreicher Produktentwicklung. 8., vollst. überarb. Aufl. Aufl. Berlin: Springer Vieweg.

Gausemeier, J.; Kage, M. (2017): Stand und Perspektiven der Additiven Fertigung. in Zeitschrift für wirtschaftlichen Fabrikbetrieb: Band 112, Ausgabe 7-8 (August 2017) , S. 459-464.

Gebhardt, A. (2000): Rapid prototyping. Werkzeuge für die schnelle Produktentstehung. 2., völlig überarb. Aufl. Aufl. München: Hanser.

Gebhardt, A. (2013): Generative Fertigungsverfahren. Additive Manufacturing und 3D Drucken für Prototyping - Tooling - Produktion. 4., neu bearb. und erw. Aufl. Aufl. München: Hanser.

Gebhardt, A. (2014): 3D-Drucken. Grundlagen und Anwendungen des Additive Manufacturing (AM). München: Carl Hanser Verlag.

Gebhardt, A. (2014): Einführung in die Additiven Fertigungsverfahren. München: Carl Hanser Verlag GmbH & Co. KG.

Geuer, A. (1996): Einsatzpotential des Rapid Prototyping in der Produktentwicklung. Berlin, Heidelberg, s.l.: Springer Berlin Heidelberg.

Gibson, I.; Rosen, D.; Stucker, B. (2015): Additive manufacturing technologies. Rapid prototyping to direct digital manufacturing. New York: Springer Velag.

Gibson, I.; Rosen, D.; Stucker, B.; Khorasani, M. (2021): Additive Manufacturing Technologies. 3rd ed. 2021 Aufl. Cham: Springer International Publishing; Imprint: Springer.

Gloger, B. (2013): Scrum. Produkte zuverlässig und schnell entwickeln. 4., aktual. Aufl. Aufl. München: Carl Hanser Verlag GmbH & Co. KG.

Gomaa, H.; Scott, D. (1984): Prototyping as a tool in the specification of user requirements. In: Lutz, R. (Hrsg.): Proceedings of the 12th annual ACM SIGUCCS conference on User services. New York, NY: ACM, S. 333–342.

Götze, U. (2010): Kostenrechnung und Kostenmanagement. 5. Aufl. Aufl. Berlin, Heidelberg: Springer Velag.

Grote, K.-H.; Antonsson, E. (2009): Springer handbook of mechanical engineering. Berlin: Springer.

Hanser, E. (2010): Agile Prozesse: Von XP über Scrum bis MAP. Berlin, Heidelberg: Springer Berlin Heidelberg.

Hanssen, J. (2009): 360mc/400mc Accuracy study: Stratasys Report.

Hering, E. (2003): Qualitätsmanagement für Ingenieure. Mit 116 Tabellen. 5., überarb. Aufl. Aufl. Berlin, Heidelberg, New York, Hongkong, London, Mailand, Paris, Tokio: Springer.

Herzberg, S. (2023): Quality Intelligence. Wiesbaden: Springer Fachmedien Wiesbaden.

Hoischen, H.; Hesser, W. (2005): Technisches Zeichnen. Grundlagen, Normen, Beispiele, darstellende Geometrie : Lehr-, Übungs- und Nachschlagewerk für Schule, Fortbildung, Studium und Praxis. 30., grundlegend überarb. und aktualisierte Aufl. Aufl. Berlin: Cornelsen.

Hopkinson, N.; Dickens, P. (2003): Analysis of rapid manufacturing. Using layer manufacturing processes for production. In: Proceedings of the Institution of Mechanical Engineers, Part C: Journal of Mechanical Engineering Science. (217), Nr. 1, S. 31–39.

Horsch, J. (2015): Kostenrechnung. Klassische und neue Methoden in der Unternehmenspraxis. 2., vollst. überarb. Aufl. Aufl. Wiesbaden: Springer Gabler.

Huang, T.; Wang, S.; He, K. (2015): Quality control for fused deposition modeling based additive manufacturing: Current research and future trends. In: Reliability Systems Engineering. (First Internation Conference), S. 1–6.

Hungenberg, H. (2014): Strategisches Management in Unternehmen. Wiesbaden: Springer Fachmedien Wiesbaden.

ISO 14253-2:2011 (E). (2011): Geometrical product specifications (GPS) - Inspection by measurement of workpieces and measuring equipment. Geneva, Switzerland:

ISO 286-1:2010 (E). (2010): Geometrical product specifications (GPS) — ISO code system for tolerances on linear sizes- Basis of tolerances, deviations and fits.

ISO/IEC GUIDE 98-3:2008 (E). (2008): Uncertainty of measurement. Geneva, Switzerland:

ISO/IEC GUIDE 98-4:2012 (E). (2012): Uncertainty of measurement. Geneva, Switzerland:

ISO/TS 16949. (2009): Qualitätsmanagementsysteme - Besondere Anforderungen bei Anwendung von ISO 9001:2008 für die Serien- und Ersatzteil-Produktion in der Automobilindustrie.

Issar, G.; Navon, L. (2016): Operational Excellence. A Concise Guide to Basic Concepts and Their Application. 1st ed. 2016 Aufl. Cham: Springer International Publishing.

Keferstein, C.; Marxer, M.; Bach, C. (2018): Fertigungsmesstechnik. Alles zu Messunsicherheit, konventioneller Messtechnik und Multisensorik. 9., uberarbeitete und erweiterte Auflage Aufl. Wiesbaden: Springer Vieweg.

Kirschling, G. (1988): Qualitätssicherung und Toleranzen. Toleranz- und Prozeßanalyse für Entwicklungs- und Fertigungsingenieure. Berlin, Heidelberg, s.l.: Springer Berlin Heidelberg.

Klocke, F. (2015): Fertigungsverfahren 5. Berlin, Heidelberg: Springer Berlin Heidelberg.

Klocke, F. (2015): Generative Fertigungsverfahren. Berlin, Heidelberg: Springer Verlag.

Klonaris, P. (1998): Systemkonzept zur frühzeitigen Einsatzplanung von Prüfmitteln. Als Ms. gedr Aufl. Aachen: Shaker.

Koll, S. (2015): Eindeutig zu Tolerant. Qualitätssicherung hat bei der generativen Fertigung noch Nachholbedarf. In: Quality Engineering, Nr. 3, S. 51–54.

Komorek, C. (1998): Integrierte Produktentwicklung. Der Entwicklungsprozess in mittelständischen Unternehmen der metallverarbeitenden Serienfertigung. Berlin: S + W Steuer- und Wirtschaftsverlag.

Krappig, R.; Schmitt, R. (2015): Systematisch zum Ziel. Von der individuellen Messaufgabe zum optimalen Messkonzept. In: QZ Qualität und Zuverlässigkeit. (60), Nr. 4, S. 48–51.

Krauss, H. (2016): Qualitätssicherung beim Laserstrahlschmelzen durch schichtweise thermografische In-Process-Überwachung. München: Herbert Utz Verlag GmbH.

Leimeister, J. (2012): Dienstleistungsengineering und -management. Berlin, Heidelberg: Springer Berlin Heidelberg.

Li, Y.; Linke, B.; Voet, H.; Falk, B.; Schmitt, R.; Lam, M. (2017): Cost, sustainability and surface roughness quality – A comprehensive analysis of products made with personal 3D printers. In: CIRP Journal of Manufacturing Science and Technology. (16), S. 1–11.

Lieneke, T.; Denzer, V.; Adam, G.; Zimmer, D. (2016): Dimensional tolerances for additive manufacturing: Experimental investigation for Fused Deposition Modeling, S. 286–291.

Lindemann, C.; Jahnke, U. (2017): Laser Additive Manufacturing. Modelling of laser additive manufactured product lifecycle costs.

Lindemann, U. (2009): Methodische Entwicklung technischer Produkte. Methoden flexibel und situationsgerecht anwenden. 3., korrigierte Aufl. Aufl. Berlin, Heidelberg: Springer.

Linß, G. (2011): Qualitätsmanagement für Ingenieure. 3., aktualisierte und erw. Aufl. München: Fachbuchverl. Leipzig im Hanser-Verl.

Linß, G. (2018): Qualitätsmanagement für Ingenieure. 4., aktualisierte und erweiterte Aufl. München: Hanser Carl.

Liou, F. (2007): Rapid Prototyping and Engineering Applications. Dekker Mechanical Engineering. Hoboken: Taylor & Francis Ltd.

Mahesh, M.; Wong, Y.; Fuh, J.; Loh, H. (2006): Rapid Prototyping Journal. Benchmarking for comparative evaluation of RP systems and processes. (10), Nr. 2, S. 123–135.

Mognol, P.; Lepicart, D.; Perry, N. (2006): Rapid prototyping. Energy and environment in the spotlight. In: Rapid Prototyping Journal. (12), Nr. 1, S. 26–34.

National Research Council (U.S.). Committee on Rapid Prototyping Facilities in the U.S. Manufacturing Research Community (1990): Rapid Prototyping Facilities in the U.S. Manufacturing Research Community: National Academy Press.

Nedeß, C.; Nickel, J. (1993): FMEA wissensbasiert erstellen. In: QZ Qualität und Zuverlässigkeit. (38), S. 689–693.

Neukirch, C.; Dietrich, E. (2011): Messsystem und Messprozess sind zweierlei - Überarbeiteter VDA Band 5 - Prüfprozesseignung. In: QZ Qualität und Zuverlässigkeit. (56), Nr. 4, S. 16–20.

Neumann, H. (2004): Präzisionsmesstechnik in der Fertigung mit Koordinatenmessgeräten. Mit 45 Tabellen. 2. Aufl. Aufl. Renningen: Expert Verlag.

o.V. (2010): Duden. Das Fremdwörterbuch: auf der Grundlage der aktuellen amtlichen Rechtschreibregeln. 10., aktualisierte Aufl. Aufl. Mannheim: Dudenverlag.

o.V. (2014): Duden - Die deutsche Rechtschreibung. Das umfassende Standardwerk auf der Grundlage der aktuellen amtlichen Regeln. 26. Aufl. Aufl. Berlin: Bibliographisches Institut.

Papies, S. (2006): Phasenspezifische Erfolgsfaktoren von Innovationsprojekten. Eine projektbegleitende Längsschnittanalyse. 1. Aufl. Aufl. Wiesbaden: Dt. Univ.-Verl.

Passera, S.; Kärkkäinen, H.; Maila, R. (2012): When, how, why prototyping? A practical framework for service development. In: Proceedings of ISPIM Conferences, Nr. 23, S. 1–16.

Patzak, G. (1982): Systemtechnik - Planung komplexer innovativer Systeme. Grundlagen, Methoden, Techniken. Berlin, Heidelberg: Springer Berlin Heidelberg.

Pearn, W.; Kotz, S. (2006): Encyclopedia and handbook of process capability indices. A comprehensive exposition of quality control measures. Singapore, Hackensack, N.J: World Scientific Pub.

Peters, T.; Waterman, R. (2006): Auf der Suche nach Spitzenleistungen. Was man von den bestgeführten US-Unternehmen lernen kann. Sonderausg Aufl. Heidelberg: Redline Wirtschaft.

Pfeifer, T.; Schmitt, R. (2010): Fertigungsmesstechnik. 3., überarb. und erw. Aufl. Aufl. München: Oldenbourg.

Pfeifer, T.; Schmitt, R. (2014): Masing Handbuch Qualitätsmanagement. 6., überarb. Aufl. Aufl. München, Wien: Hanser.

Pfeifer, T.; Schmitt, R. (2021): Masing Handbuch Qualitätsmanagement. 7., überarbeitete Auflage Aufl. München: Hanser.

Pfeufer, H.-J. (2014): FMEA – Fehler-Möglichkeits- und Einfluss-Analyse. Fehler-Möglichkeits- und Einfluss-Analyse. 1. Aufl. Aufl. München: Carl Hanser Verlag GmbH & Co. KG.

Pratt, M. (1995): Virtual Prototypes and Product Models in Mechanical Engineering. In: Virtual Prototyping - Virtual Environments and the Product Design Process, S. 113–128.

Prefi, T. (2014): Qualitätsmanagement in der Produktentwicklung. In: Pfeifer, T.; Schmitt, R. (Hrsg.): Masing Handbuch Qualitätsmanagement. 6., überarb. Aufl. München, Wien: Hanser, S. 402–440.

Preißner, A. (2010): Praxiswissen Controlling. Grundlagen - Werkzeuge - Anwendungen. 6. Aufl. Aufl. München: Hanser Verlag.

Rasch, B.; Friese, M.; Hofmann, W.; Naumann, E. (2014): Quantitative Methoden 1. Einführung in die Statistik für Psychologen und Sozialwissenschaftler. 4., überarb. Aufl. Aufl. Berlin: Springer.

Reinhart, G.; Geuer, A.; Macht, M. (1994): Integration des Rapid Prototyping in die Produktentwicklung. In: pa Produktionsautomatisierung. (3), 5+6, S. 16–19.

Rickenbacher, L.; Spierings, A.; Wegener, K. (2013): An integrated cost-model for selective laser melting (SLM). In: Rapid Prototyping Journal. (19), Nr. 3, S. 208–214.

Robert Bosch GmbH (2019): Fähigkeit von Mess- und Prüfprozessen. 11.2019 Aufl.

Rose, D.; Frisch, N.; T., R.; Thomas, E. (2002): Interaktive Visualisierung neuer Elemente im virtuellen Automobil-Crashversuch. In: Tagungsband zum.

Rübenach (2016): Wer verantwortet den 3D-Druck? Qualitätsprüfung in der Additiven Fertigung. URL: http://www.industry-of-things.de/qualitaetspruefung-in-der-additiven-fertigung-a-540741/ [Stand: 27.09.2016].

Rubin, K. (2012): Essential Scrum. A practical guide to the most popular agile process. Upper Saddle River, NJ: Addison-Wesley.

Ruffo, M.; Hague, R. (2007): Cost estimation for rapid manufacturing - simultaneous production of mixed components using laser sintering. In: Proceedings of the Institution of Mechanical Engineers, Part B: Journal of Engineering Manufacture. (221), Nr. 11, S. 1585–1591.

Sachse, P. (1999): Design thinking. Analyse und Unterstützung konstruktiver Entwurfstätigkeiten. Zürich: Vdf, Hochschulverl. an der ETH Zürich.

Sachse, P.; Hacker, W. (1995): Early Low-cost Prototyping: Techn. Univ., Inst. für Allgemeine Psychologie u. Methoden d. Psychologie.

Schäppi, B. (2005): Handbuch Produktentwicklung. München, Wien: Hanser.

Schmitt, R. (2015): Basiswissen Qualitätsmanagement. 1. Aufl. Aufl. Düsseldorf: Symposion Publishing.

Schmitt, R.; Falk, B.; Voet, H.; Fels, A.; Rüßmann, M. (2016): Smart Quality - Perspektiven des Qualitätsmanagements in der Entwicklung von Smart Products. In: Schmitt, R. (Hrsg.): Smart Quality - QM im Zeitalter von Industrie 4.0. 20. Business Forum Qualität ; 12. und 13. September 2016, Aachen. 1. Auflage. Aachen: Apprimus Verlag, S. 3–25.

Schmitt, R.; Pfeifer, T. (2015): Qualitätsmanagement. Strategien - Methoden - Techniken. 5., aktualisierte Auflage Aufl. München: Hanser, Carl.

Schmitt, R.; Prefi T.; Falk, B.; Hammers, C.; Janßen, M.; Junge, C.; Kukulies, J.; Petri, J.; Schenk, J.; Voet, H.; Wiegratz, R.; Worms, C. F. (2017): Agiles Qualitätsmanagement. In: Tagungsband zum. In: Schuh, G. (Hrsg.): AWK Aachener Werkzeugmaschinen-Kolloquium 2017. Internet of Production für agile Unternehmen. 1. Auflage. Aachen: Apprimus Verlag, S. 75–108.

Schömann, S. (2012): Produktentwicklung in der Automobilindustrie. Managementkonzepte vor dem Hintergrund gewandelter Herausforderungen. 1. Aufl. Aufl. Wiesbaden: Gabler.

Schrage, M. (2000): Serious play. How the world's best companies simulate to innovate. Boston: Harvard Business School Press.

Schröder, M.; Falk, B.; Schmitt, R. (2015): Evaluation of Cost Structures of Additive Manufacturing Processes Using a New Business Model. In: Procedia CIRP. (30), S. 311–316.

Schuh, G. (2014): Produktionsmanagement. Handbuch Produktion und Management 5. 2. Aufl. Aufl. Berlin: Springer Verlag.

Schwaber, K. (1997): SCRUM Development Process. In: Sutherland, J.; Casanave, C.; Miller, J.; Patel, P.; Hollowell, G. (Hrsg.): Business Object Design and Implementation. London: Springer London, S. 117–134.

Schwaber, K. (2007): Agiles Projektmanagement mit Scrum. Unterschleißheim: Microsoft Press.

Seghezzi, H.; Fahrni, F.; Friedli, T. (2013): Integriertes Qualitätsmanagement. Das St. Galler Konzept. 4., vollst. überarb. Aufl. Aufl. München: Hanser.

Shah, P.; Racasan, R.; Bills, P. (2016): Case Studies in Nondestructive Testing and Evaluation. Comparison of different additive manufacturing methods using computed tomography, S. 69–78.

Sōmiya, S. (2013): Handbook of advanced ceramics. Materials, applications, processing, and properties. 2. Aufl. Aufl. Amsterdam: Academic Press.

SON, Y. (1991): A cost estimation model for advanced manufacturing systems. In: International Journal of Production Research. (29), Nr. 3, S. 441–452.

Stahl, P. (1997): Die Qualitätstechnik FMEA als Lerninstrument in Organisationen. Wiesbaden: Deutscher Universitätsverlag.

Stenkamp, A. (2008): Automatisierte Prüfmittelauswahl in einer CAD-basierten Prozesskette der Prüfplanung. Aachen: Shaker.

Sutherland, J.; Schwaber, K. (2007): The Scrum Papers. Nuts, Bolts, and Origins of an Agile Process.

Takeuchi, N.; Nonaka, I. (1986): The new new product development game.

Tomczak, T. (1992): Forschungsmethoden in der Marketingwissenschaft. Ein Plädoyer für den qualitativen Forschungsansatz. In: Marketing ZFP. (2), S. 77–87.

Ullman, D. (2010): The mechanical design process. 4. ed. Aufl. Boston u.a.: McGraw-Hill Higher Education.

Ulrich, H. (1981): Die Betriebswirtschaftslehre als anwendungsorientierte Sozialwissenschaft. In: Geist, M. (Hrsg.): Die Führung des Betriebes. Herrn Prof. Dr. Dr. hc. Curt Sandig zu seinem 80. Geburtstag gewidmet. Stuttgart: Poeschel, S. 1–27.

Ulrich, K.; Eppinger, S. (2012): Product design and development. 5th ed. Aufl. New York: McGraw-Hill Higher Education; London : McGraw-Hill [distributor].

Ulrich, P.; Hill, W. (1976): Wissenschaftstheoretische Grundlagen der Betriebswirtschaftslehre. In: Wirtschaftswissenschaftliches Studium : Wist ; Zeitschrift für Ausbildung und Hochschulkontakt. (5), Nr. 7,8, 304–309,345-350.

Ultimaker (2015): Ultimaker 2 Extended - User Manual - V2.1.

Vajna, S.; Burchardt, C. (2014): Modelle und Vorgehensweisen der Integrierten Produktentwicklung. In: Vajna, S. (Hrsg.): Integrated Design Engineering. Ein interdisziplinäres Modell für die ganzheitliche Produktentwicklung. Berlin: Springer Berlin Heidelberg, S. 3–50.

VDI Richtlinie 3404. (2009): Generative Fertigungsverfahren Rapid-Technologien (Rapid Prototyping). Berlin: Beuth Verlag GmbH.

VDI Richtlinie 3405. (2014): Additive Fertigungsverfahren. Berlin: Beuth Verlag GmbH.

Verband der Automobilindustrie (2009): Produktentstehung, Reifegradabsicherung für Neuteile. Methoden, Messgrößen, Dokumentationen, Checklisten; VDA/QMC-Projektdokumentation. 2., überarb. Aufl. Aufl. Oberursel: VDA QMC.

Verband der Automobilindustrie e.V. (2011): Prozessbeschreibung Besondere Merkmale (BM). 1 Aufl. Frankfurt am Main: Henrich.

Verband der Automobilindustrie e.V. (2011): Prüfprozesseignung. Eignung von Messsystemen Eignung von Mess- und Prüfprozessen Erweiterte Messunsicherheit Konformitätsbewertung. 2. vollständig überarbeitete Auflage 2010, aktualisiert Juli 2011 Aufl. Berlin.

Verband der Automobilindustrie e.V. (2012): Sicherung der Qualität in der Prozesslandschaft - Produkt- und Prozess-FMEA. 2. überarbeitete Auflage 2006, aktualisiert im Juni 2012 Aufl.

Verband der Automobilindustrie e.V. (2015): Qualitätsbezogene Kosten. Fehlerkosten und Feherverhütungskosten, Umfang und Umsetzung. Berlin.

Wälder, K.; Wälder, O. (2017): Methoden zur Risikomodellierung und des Risikomanagements. Wiesbaden: Springer Vieweg.

Weck, M.; Brecher, C. (2006): Werkzeugmaschinen 4. Automatisierung von Maschinen und Anlagen. 6., neu bearbeitete Aufl. Aufl. Berlin, Heidelberg: Springer-Verlag Berlin Heidelberg.

Werdich, M. (2012): FMEA - Einführung und Moderation. Durch systematische Entwicklung zur übersichtlichen Risikominimierung (inkl. Methoden im Umfeld). 2., überarbeitete und verbesserte Auflage Aufl. Wiesbaden: Vieweg+Teubner Verlag.

Wheelwright, S.; Clark, K. (1994): Revolution der Produktentwicklung. Spitzenleistungen in Schnelligkeit, Effizienz und Qualität durch dynamische Teams. Frankfurt/Main: Campus-Verl.

Wilke, T.; Petersen, B. (2014): fmea3d - Implementierung einer alternativen RPZ Berechnungsmethode in R. In: Tagungsband zum.

Wintersteiger, A. (2012): Scrum. Schnelleinstieg. Frankfurt am Main: Entwickler.press.

Wirdemann, R. (2011): Scrum mit User Stories. 2. Aufl. Aufl. s.l.: Carl Hanser Fachbuchverlag.

Zäh, M.; Hagemann, F. (2006): Wirtschaftliche Fertigung mit Rapid-Technologien. Anwender-Leitfaden zur Auswahl geeigneter Verfahren. München: Hanser.

Zhang, C. (Hrsg.); Chen, T. (Hrsg.) (2001): Efficient feature extraction for 2D/3D objects in mesh representation: IEEE. (Reihe: Proceedings on the International Conference on Image Processing, Bd. 3).

VII Betreute studentische Arbeiten

In der folgenden Tabelle sind die studentischen Arbeiten aufgelistet, die vom Autor im Zusammenhang mit der Entstehung dieser Dissertation definiert, ausgeschrieben und inhaltlich betreut wurden. In die Erstellung der Dissertationsschrift sind diese Arbeiten mit eingeflossen.

Tabelle VII-1: Betreute studentische Arbeiten

Name	Titel der Arbeit	Jahr	Art
Nguyen, Quoc Minh	Modellierung der Wirtschaftlichkeit in der Prüfplanung zur Absicherung der geometrischen Spezifikationen bei additiv gefertigten Kunststoffkomponenten	2018	Bachelorarbeit
Govinda Reddy, Pratheek	Development of a Model to Select Cost-Effective Geometric Quality Assurance Processes for Additive Manufactured Plastic Parts	2018	Masterarbeit
Trisjono, Julian	Planung von Qualitätsprüfungen für vakuumgegossene Bauteile mit dem Fokus auf dem additiv gefertigten Urmodell	2018	Bachelorarbeit
Schildbach, Peter	Methodik zur Abschätzung der Herstellkosten von montierten Produkten mit additiv gefertigten Komponenten unter Einbeziehung der Variation des Herstellungsverfahrens in Technologieketten	2016	Masterarbeit
Sander, Christian	Entwicklung eines Modells zur Bewertung und Handhabung der Projektrisiken in agilen Softwareentwicklungsprojekten	2016	Bachelorarbeit
Henzler, Thomas	Entwicklung einer Methodik zum systematischen Einsatz von Prototypen in der Produktentwicklung	2016	Masterarbeit
Li, Yalun	Sustainability analysis of producing 3D printed polymer parts including post-processing	2015	Bachelorarbeit
Häberle, Christian	Product Teardown, Design-to-Cost und Benchmarking	2014	Masterarbeit

VIII Anhang

A.1. Prototypeneinsatzes in der Produktentwicklung nach Phasen

Nachfolgend sind die Tabellen des Prototypeneinsatzes in der Produktentwicklung dargestellt. Diese stammen aus den Analysen aus Kapitel 3.2. Dort sind die Inhalte und die Bezeichnungen näher erläutert. Abbildung 6-1 stellt das IPE-Modell zur Verdeutlichung der Tabellenbezeichnungen (je Handlungsfeld) dar.

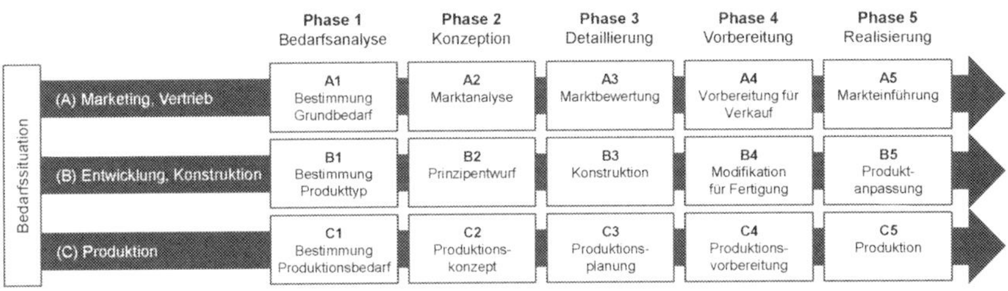

Abbildung 6-1: IPE-Prozessmodell zur Bezeichnung der Tabellen der Handlungsfelder

Im Nachfolgenden stehen die Tabellen des Prototypeneinsatzes in der Produktentwicklung. Jede Tabelle beschreibt den Inhalt eines Handlungsfeld.

Handlungsfeld A1: Bestimmung Grundbedarf

Kriterien der Produktentwicklung	Quelle: Kriterien	Prototypeneinsatz	Quelle: Prototyp	Prototypenzweck	Prototypenart
Ideenscreening					
- Bedarfsbefriedigung aufnehmen (Funktionen und Eigenschaften des Produkts) - Hauptanforderungen an das Produkt erfassen - Produktidee vorbereiten	Schäppi (2005); Cooper (2002); Andreasen und Hein (1987); Ehrlenspiel und Meerkamm (2013)	- Interesse des Kunden anhand von Prototypen analysieren und mit diesen erarbeiten	Brown (2008); Passera et al. (2012)	Analysehilfe, Kommunikationshilfe	Formprototyp
Marktgrobanalyse					
- Lösungen und Produkte die der Markt bisher bereitstellt	Schäppi (2005); Cooper (2002); Ehrlenspiel und Meerkamm (2013)	- Lösungen und Alternativen am Markt mittels Prototypen darstellen und aus Kundensicht betrachten	Brown (2008)	Analysehilfe	Formprototyp
Wirtschaftliche Grobanalyse					
- Zielkosten und kalkulierter Verkaufspreis	Ehrlenspiel und Meerkamm (2013)	- Prototypen einsetzen, um Kosten in den frühen Phasen abzuschätzen - Prototypen einsetzen, um Zielpreise mit Kundeninvolvierung abzuschätzen	Gebhardt (2000); Cassack (2006)	Analysehilfe, Kommunikationshilfe	Formprototyp

Handlungsfeld B1: Bestimmung Produkttyp

Kriterien der Produktentwicklung	Quelle: Kriterien	Prototypeneinsatz	Quelle: Prototyp	Prototypenzweck	Prototypenart
Technische Grobanalyse - Technische Grundeigenschaften des Produkts ermitteln, die nötig sind, um die geforderte Funktion zu erfüllen (bswp. Art der mechanischen Kraftübertragung) - Technische Hauptanforderung die das Produkt aufweisen muss - Systemgrenzen und Wechselwirkungen festlegen	Schäppi (2005); Cooper (2002); Andreasen und Hein (1987); Ehrlenspiel und Meerkamm (2013); VDA (2009)	- Prototypen zum Verstehen und Prüfen grundlegender Funktionsweisen des Produkts	Elverum und Welo (2014)	Analysehilfe, Evaluationshilfe	Funktionsprototyp
Alternativen Bewertung - Alternativen der technischen Konzepte analysieren	Andreasen und Hein (1987); VDA (2009)	- Prototypen einsetzen, um Trade-Offs zwischen technischen Alternativen zu bewerten und unterlegen Konzepte (Ballast) frühzeitig auszuschließen	Schrage (2000)	Evaluationshilfe, Lösungshilfe	Funktionsprototyp
Entwicklungsauftrag auslösen - Informationen aus Markt und Umwelt sowie dem Unternehmen in Entwicklungsauftrag zusammenfassen	Ehrlenspiel und Meerkamm (2013)	- Prototypen einsetzten, um Entwicklungsauftrag mit physischem Modell verständlich zu machen und zu vereinfachen	Elverum und Welo (2014); Liou (2007); Carleton und Cockayne (2009)	Kommunikationshilfe, Analysehilfe	Formprototyp
Technische Risikobewertung - Einflüsse und Auswirkungen des Produkts auf das System bzw. Personen prüfen - Risikoeinstufung und Risikoklassifizierung - Abnahmeprüfungen (früh)	VDA (2009)	- Prototypen zum Prüfen der Wechselwirkungen des Produkts mit der Umwelt - Risiko am physischen Modell abbilden - Erste Abnahmeprüfungen mittels Prototypen simulieren	Krallmann (2013); Segismundo und Miguel(2008)	Evaluationshilfe	Prozessprototyp
Innovationsfähigkeit - Technisches Knowhow des Unternehmens erweitern	Pfaffmann (2001)	- Prototypen für allgemeine Forschungs- und Entwicklungsfragen einsetzen - Wissen und Knowhow durch den Einsatz von Modellen erweitern	Bürgel und Zeller (1998), Kohn (2014)	Analysehilfe	Funktionsprototyp

Handlungsfeld C1: Bestimmung Produktionsbedarf

Kriterien der Produktentwicklung	Quelle: Kriterien	Prototypeneinsatz	Quelle: Prototyp	Prototypenzweck	Prototypenart
Beschaffungsanalyse - Make or Buy-Entscheidungen bezüglich des (Gesamt-) Produkts - Standortentscheidungen - Personalentscheidungen - Produktionstechniken - Analyse des Beschaffungsmarkts	Andreasen und Hein (1987); VDA (2009)	- Prototypen für strategische Beschaffungsentscheidungen einsetzten - (Fähigkeit der Eigenherstellung analysieren)	Welch und Nayak (1992)	Evaluationshilfe	Prozessprototyp

Handlungsfeld A2: Marktanalyse

Kriterien der Produktentwicklung	Quelle: Kriterien	Prototypeneinsatz	Quelle: Prototyp	Prototypenzweck	Prototypenart
Marktfeinanalyse - Kundenidentifikation - Kundenanforderungen analysieren (Basismerkmale, Leistungsmerkmale, Begeisterungsmerkmale, Rückweisungsmerkmale, unerhebliche Merkmale) - Anforderungsliste - Lastenheft ausarbeiten	Schäppi (2005); Cooper (2002); VDI 2221; Andreasen und Hein (1987), Ehrlenspiel und Meerkamm (2013, 2013, 2013), Feldhusen et al. (2013), Prefi et al. (2014), VDA (2009)	- Interessen und Anforderungen mittels Prototypen in direktem Kontakt mit dem Kunden abklären - Kundenkontakt mittels physischen Modellen erleichtern - Lastenheft mit physischen Produktabbildungen unterstützen	Brown (2008), Passera et al. (2012); Schrage (2000); Gomaa und Scott (1984); Liou (2007); Ulrich und Eppinger (2012)	Kommunikationshilfe, Analysehilfe, (Speicherhilfe)	Formprototyp
Designentscheidungen - Design, Ergonomie, Form, Material, Struktur, etc.	Vajna (2014); Roland Berger (2015)	- Körperliche Modelle des Produkts mit Kundenhilfe analysieren um Design des Produkts festzulegen	Liou (2007); Geuer (1996); Seeger (2005); Ambrose und Harris (2013)	Kommunikationshilfe, Analysehilfe	Formprototyp
Kundenproduktest - Produktnutzung des Kunden analysieren - Mensch-Produkt-Interaktion untersuchen - Produktfehler identifizieren	Schäppi (2005); Cooper (2002); Ehrlenspiel und Meerkamm (2013)	- Produktnutzung und -interaktion des Kunden an Prototypen simulieren - Gefahren und Fehler an Prototypentest feststellen	Andreasen und Hein (1987); Gilz und Zafirov (2014); Elverum und Welo (2014); Schrage (2000); Geuer (1996); Jaeger (2013)	Kommunikationshilfe, Analysehilfe, Evaluationshilfe	Formprototyp
Produktanforderungen - Anforderungen prägnant definieren und kommunizieren	Gebhardt (2000); Ahrens (2000)	- Frühe unmissverständliche Definition aller Produktanforderungen für alle Beteiligten (Abteilungen)	Gebhardt (2000)	Kommunikationshilfe	Formprototyp

Handlungsfeld B2: Prinzipentwurf

Kriterien der Produktentwicklung	Quelle: Kriterien	Prototypeneinsatz	Quelle: Prototyp	Prototypenzweck	Prototypenart
Technische Prinzipentwicklung - Anforderungen durch technische Funktionen umsetzen - Pflichtenheft ausarbeiten	Schäppi (2005); Cooper (2002); VDI 2221; Feldhusen et al. (2013), Ehrlenspiel und Meerkamm (2013, 2013, 2013)	- Prototypen zur Prüfung und Festlegung der Produktfunktionen, die die Anforderungen optimal erfüllen - Physische Modelle ermöglichen die Entlastung von Entwicklern bei komplexen Fragestellungen - Pflichtenheft mit physischen Produktabbildungen unterstützen	Eversheim und Klocke (1998); Elverum und Welo (2014); Sachse (1999); Liou (2007)	Lösungshilfe, (Speicherhilfe)	Funktionsprototyp
Konzepttest - Technische Funktionen und Subfunktionen auf Fehler testen - Auswirkungen auf Gesamtsystem - FMEA der Subsysteme	Schäppi (2005); Cooper (2002); Ehrlenspiel und Meerkamm (2013); Andreasen und Hein (1987)	- Tests mit Prototypen zur Validierung einzelner Produktfunktionen - Fehlererkennung an physischen Produktmodellen - Auswirkungen auf Gesamtsystem prüfen - FMEA der Subsysteme des Produkts an Prototypen durchführen	Passera et al. (2012); Thomke (1998); Andreasen und Hein (1987); Ulrich und Eppinger (2012); Geuer (1996); Elverum und Welo (2014)	Analysehilfe, Evaluationshilfe	Funktionsprototyp, Prozessprototyp
Produktsicherheit - Vereinbarkeit des Produkts mit Gesetzen, Vorgaben, Normen, etc. nachweisen - Umweltverträglichkeit analysieren - Personensicherheit nachweisen	Ehrlenspiel und Meerkamm (2013); VDA (2009); Schäppi (2005); Andreasen und Hein (1987)	- Prüfung, Zertifizierung und Zulassung mit Prototypen prüfen bzw. durchführen - Physische Modelle zur Prüfung der Auswirkungen der Funktionen und Eigenschaften auf Personen und Umwelt - Prototypen zur DFE einsetzten	Gebhardt (2000); Ulrich und Eppinger (2012); Andreasen und Hein (1987), Elverum und Welo (2014)	Analysehilfe, Evaluationshilfe	Prozessprototyp

Handlungsfeld C2: Produktionskonzept

Kriterien der Produktentwicklung	Quelle: Kriterien	Prototypeneinsatz	Quelle: Prototyp	Prototypenzweck	Prototypenart
Test des Produktionskonzepts - Materialuntersuchung - Komponentenuntersuchung - Betriebsmitteluntersuchung - Montageuntersuchung	Schäppi (2005); Cooper (2002); VDA (2009)	- Test des Produktionskonzept und der Ressourcen anhand von Prototypen - Montageversuche mittels Testmodellen	Geuer (1996); Andreasen und Hein (1987)	Analysehilfe, Evaluationshilfe	Prozessprototyp
Kritische Produktionsprozessparameter - Prozessparameter die Auswirkungen auf die Produktion und die Umwelt haben analysieren	VDA (2009)	- Untersuchung von Modellen der Produktionsanlagen - Produktionsgenehmigung durch Nachweise mittels Prototypen	Grout (2006); Upadhyay (2012))	Evaluationshilfe	Prozessprototyp

Handlungsfeld A3: Marktbewertung

Kriterien der Produktentwicklung	Quelle: Kriterien	Prototypeneinsatz	Quelle: Prototyp	Prototypenzweck	Prototypenart
Wirtschaftliche Marktbewertung - Preisgestaltung - Verkaufsvolumen (Stückzahlen) - Verkaufskanäle - Markteinführungstermine - Wirtschaftlichkeitsnachweis	Schäppi (2005); Cooper (2002); Andreasen und Hein (1987); VDA (2009)	- Zielpreisbestimmung durch Kundenanalyse anhand von Produktprototypen - Trade-Off-Entscheidungen (Zeit vs. Funktionsumfang) anhand von Prototypen treffen - Wirtschaftlichkeitsschätzungen anhand von Produktmodellen	Cassack (2006); Beitz et al. (1994); Gebhardt (2000); Schrage (2000)	Evaluationshilfe, Kommunikationshilfe	Formprototyp, Prozessprototyp
Produktspezifikationen - Leistungsumfang des Produkts abschließend festlegen	Feldhusen et al. (2013); Ehrlenspiel und Meerkamm (2013); Andreasen und Hein (1987); VDA (2009)	- Modelle zur eindeutigen Definition des Leistungsumfang (auch mit Lieferanten) nutzen	Geuer (1996)	Speicherhilfe, Kommunikationshilfe	Formprototyp
Produktbewertung am Markt - Untersuchungen durchführen, die den Markteintritt des Produkts und die Konsequenzen für das Unternehmen betrachten	Schäppi (2005); Cooper (2002)	- Analysen wie der Markt das Produkt annimmt anhand von Prototypentest	Geuer (1996)	Analysehilfe	Formprototyp, Prozessprototyp

Handlungsfeld B3: Konstruktion

Kriterien der Produktentwicklung	Quelle: Kriterien	Prototypeneinsatz	Quelle: Prototyp	Prototypenzweck	Prototypenart
Technische Konstruktion - Formstudien durchführen - Produktgestaltung (Design und Funktion) festlegen - Geometrie, Kinematik, Kräfte, Stoff, Signal definieren - Zusammenarbeit und Verbindung der Subsysteme abstimmen	Schäppi (2005); Cooper (2002); VDI 2221; Andreasen und Hein (1987), Ehrlenspiel und Meerkamm (2013, 2013), Vajna (2014); Gebhardt (2000)	- Prototyp zur Analyse der Produktgestaltung aus Vereinigung von Design und Funktionen - Prozessmodelle zur Abstimmung der Wechselwirkungen der Subsysteme und Komponenten des Produkts	Ulrich und Eppinger (2012); Bertsche et al. (2007); Ambrose und Harris (2013); Seeger (2005); Green und Bonollo (2002)	Evaluationshilfe, Lösungshilfe	Formprototyp, Funktionsprototyp, Prozessprototype
Konstruktionstest - Machbarkeit der Gesamtfunktion des Produkts beweisen - Festigkeit sowie mechanische, chemische, thermische und elektrische Eigenschaften nachweisen - Integrierbarkeit des Produkts in System bestätigen - Qualitätsniveau prüfen - Produkt auf Umweltrisiko (Mensch und Natur) untersuchen - FMEA für Gesamtprodukt durchführen	Schäppi (2005); Cooper (2002); Andreasen und Hein (1987), VDA (2009), Geuer (1996); Ehrlenspiel und Meerkamm (2013); Gebhardt (2000)	- Zusammenspiel der Komponenten anhand von Produktmodell testen - Prototypen einsetzen, um Auswirkungen des Produkts auf das System und die Umwelt zu prüfen - Integrierbarkeit des Produkts mittels physischen Abbilds untersuchen - Produktmodell zum Durchführen einer FMEA nutzen	Andreasen und Hein (1987), Ulrich und Eppinger (2012); VDA (2009); Geuer (1996), Elverum und Welo (2014); Bertsche et al. (2007); Gebhardt (2000); Eversheim und Klocke (1998)	Analysehilfe	Formprototyp, Funktionsprototyp, Prozessprototype

Kriterien der Produktentwicklung	Quelle: Kriterien	Prototypeneinsatz	Quelle: Prototyp	Prototypenzweck	Prototypenart
Servicekonzept					
- Reparaturtiefe - Ersatzteile - Diagnosekonzepte	VDA (2009)	- Produktmodelle einsetzten, um Fehleranfälligkeit und -ausmaß und darauf aufbauendes Reparaturkonzept festzulegen - Ersatzteilnutzung anhand von Prototypen abstimmen - Diagnosemöglichkeiten an Produktmodellen abklären	Schürmann, Elverum und Welo (2014); Schyr et al. (2012)	Evaluationshilfe, Lösungshilfe	Prozessprototyp
Produktmodell					
- Übergreifendes Produktmuster erzeugen	Geuer (1996); Kohn (2014)	- Urmodell des Produkts zur abteilungsübergreifenden Auftragsfestlegung als Prototyp fertigen	Geuer (1996); Kohn (2014)	Speicherhilfe, Kommunikationshilfe	Formprototyp

Handlungsfeld C3: Produktionsplanung

Kriterien der Produktentwicklung	Quelle: Kriterien	Prototypeneinsatz	Quelle: Prototyp	Prototypenzweck	Prototypenart
Fertigungsplanung					
- Fertigungsmethoden und -prinzipien festlegen - Fertigungsbedingungen (Verfahren, Toleranzen, Fertigungsmittel, etc.) definieren - Werkzeugkonzept beschließen - Gebäude und Infrastruktur abstimmen - Vergaben entscheiden	Andreasen und Hein (1987); Ehrlenspiel und Meerkamm (2013); VDA (2009)	- Fertigungssimulationen mittels Prototypen außerhalb realer Systeme (Maschinen und Werkzeug) durchführen - Fertigungsstrategie an Modell darstellen - Werkzeug anhand von Prototypen nachahmen - Fertigungsmuster zur Abstimmung erstellen	Ulrich und Eppinger (2012); Green und Bonollo (2002); Geuer (1996)	Evaluationshilfe, Lösungshilfe	Prozessprototyp
Montageplanung					
- Montagemethoden festlegen - Montagebedingungen (Equipment, Umgebung, Auf- und Zusammenbau) - Gebäude und Infrastruktur abstimmen - Vergaben entscheiden	Ehrlenspiel und Meerkamm (2013); VDA (2009)	- Analog zu Fertigungsplanung Prototypen zur Montageplanung einsetzten	Kim und Nnaji (2006)	Evaluationshilfe, Lösungshilfe	Prozessprototyp
Test des Produktionsplans					
- Produktion analysieren - Produktions-FMEA durchführen	Schäppi (2005); Cooper (2002); VDA (2009); Kohn (2014)	- Produkt- und Prozessmodelle zur Produktionsprüfung einsetzten - Prototypen nutzten, um Integrationsschritte bei der Produktion zu identifizieren - Produktions-FMEA mit Hilfe von physischen Modellen durchführen	Ulrich und Eppinger (2012); Elverum und Welo (2014); Kohn (2014)	Analysehilfe	Prozessprototyp
Produktionskontrollplanung					
- Mess- und Prüfmöglichkeiten sowie besondere Produktionsvorschriften (TÜV, ASME, DIN, ISO) nachweisen - Qualitätsprüfungen definieren - Behördliche und institutionelle Abnahmen abstimmen	Ehrlenspiel und Meerkamm (2013); VDA (2009)	- Prototypen einsetzten um Prüfkonzepte (EOL, Qualitätsprüfung, etc.) zu testen - Abnahmen und Kontrollen von Behörden und ähnlichen Institutionen mit Prototypen testen und durchführen	Paulweber und Lebert (2014); Pennella (2006); Cappels (2000); Upadhyay (2012)	Evaluationshilfe	Prozessprototyp
Transportplanung					
- Transportbedingungen vor, während und nach der Produktion festlegen - Begrenzungen durch Hebezeuge, Bahnprofile, Transportwege (Größe und Gewicht) identifizieren - Versandart und -bedingungen abstimmen	Ehrlenspiel und Meerkamm (2013); VDA (2009)	- Prototypen des Produkts und der Verpackung nutzen, um Transportkonzept zu entwickeln und zu testen	Lo Frano et al. (2015)	Analysehilfe	Prozessprototyp

Handlungsfeld A4: Vorbereitung für Verkauf

Kriterien der Produktentwicklung	Quelle: Kriterien	Prototypeneinsatz	Quelle: Prototyp	Prototypenzweck	Prototypenart
Kundenstimmungsanalyse					
- Produkt in begrenztem Kundenkreis testen - Verkaufstest durchführen - Stückzahlen finalisieren	Schäppi (2005); Cooper (2002); Andreasen und Hein (1987)	- Verkaufstest mit ersten Produktprototypen in begrenztem Kundenkreis durchführen - Prototypenpräsentationen können einen „Haben wollen"-Effekt beim Kunden auslösen	Schäppi (2005); Cooper (2002); Gebhardt (2000); Dredge (2014)	Kommunikationshilfe, Analysehilfe	Formprototyp, Funktionsprototyp
Kommunikationspolitik					
- Werbestrategie festlegen - Werbekampagne planen - Informationen und Werbematerialien vorbereiten - Verpackung abstimmen	Schäppi (2005); Cooper (2002); Andreasen und Hein (1987)	- Produktmodelle nutzen, um die Werbestrategie und -mittel in direktem Kundenkontakt zu entwickeln - Verpackung, Werbematerialien und Informationsträger mit Prototypen des Produkts abstimmen - Prototypen für Werbepräsentationen nutzen	Viardot (2004), Geuer (1996, 1996)	Evaluationshilfe, Lösungshilfe, Kommunikationshilfe	Formprototyp, Prozessprototyp

Handlungsfeld B4: Modifikation für Fertigung

Kriterien der Produktentwicklung	Quelle: Kriterien	Prototypeneinsatz	Quelle: Prototyp	Prototypenzweck	Prototypenart
Sicherstellung der Produzierbarkeit					
- Produzierbarkeit absichern - Serienreife des Produkts zu Stande bringen - Diagnose- und Prüfanlagen finalisiert	Andreasen und Hein (1987); VDI 2221; VDA (2009)	- Prototypen zur Analyse der Produzierbarkeit und Serienreife einsetzten - Prüfanalagen mittels Modelle verifizieren	Geuer (1996), Schyr et al. (2012)	Evaluationshilfe, Lösungshilfe	Prozessprototyp
Entwicklungsfreigabe					
- Finalen Stand der technischen Produktentwicklung festlegen	VDA (2009); Schäppi (2005); Cooper (2002)	- Finalen Stand an Produktmuster abbilden	Geuer (1996)	Speicherhilfe, Kommunikationshilfe	Formprototyp, Funktionsprototyp, Prozessprototyp

Handlungsfeld C4: Produktionsvorbereitung

Kriterien der Produktentwicklung	Quelle: Kriterien	Prototypeneinsatz	Quelle: Prototyp	Prototypenzweck	Prototypenart
Produktionsvorbereitung					
- Ressourcenverfügbarkeit (Material, Komponenten, Arbeiter, Werkzeuge und Maschinen) sicherstellen - Stücklisten und Produktionsleitfaden vorbereiten - Serienproduktion abstimmen - Produktionskontrollen und -diagnosen einrichten - Umweltrisiken ausschließen	Schäppi (2005, 2005); Cooper (2002); VDI 2221; Andreasen und Hein (1987); Ehrlenspiel und Meerkamm (2013); VDA (2009); Gebhardt (2000)	- Prototypen einsetzten, um Stücklisten, Produktionsvorgehen und Serienherstellung zu verifizieren - Modelle zum Testen der Produktionsanlagen und Prüfkonzepte	Eversheim und Klocke (1998); National Research Council (1990); Geuer (1996); Andreasen und Hein (1987); Schyr et al. (2012); Ulrich und Eppinger (2012)	Lösungshilfe, Speicherhilfe, Kommunikationshilfe	Prozessprototyp
Integration des Produkts in das Unternehmenssystem					
- Produkt mit dem Unternehmenskosmos (Hauptproduktgruppe, Integrationssystem, etc.) verbinden - Zubehör und andere Schnittellenprodukte mit der Produktentwicklung in Verbindung bringen	Andreasen und Hein (1987); Komorek (1998)	- Produktmodell nutzen, um Annahme des Produkts durch Mitarbeiter und Management einzuleiten sowie eine Integration in das Unternehmensumfeld zu bewirken	Ulrich und Eppinger (2012); Gebhardt (2000); Kohn (2014)	Lösungshilfe, Speicherhilfe, Kommunikationshilfe	Prozessprototyp
Ersatzteilbeschaffungskonzept					
- Ersatzteilbeschaffung organisieren - Ersatzteile in Produkt- und Logistikkonzept integrieren	Dewhurst und Abbatiello (1996); VDA (2009, 2011)	- Prozessmodelle einsetzten, um Ersatzteilbeschaffung und -management zu organisieren und in Produktumfeld zu integrieren	Schürmann (2013)	Lösungshilfe, Speicherhilfe, Kommunikationshilfe	Prozessprototyp

Handlungsfeld A5: Markteinführung

Kriterien der Produktentwicklung	Quelle: Kriterien	Prototypeneinsatz	Quelle: Prototyp	Prototypenzweck	Prototypenart
Absatzmanagement					
- Absatz- und Preisanpassungen	Andreasen und Hein (1987); Fischer und Dangelmaier (2000)	- Prototypen zur Prüfung von Preis- und Absatzänderungen mit Interaktion des Kunden nutzen	Cassack (2006); Brown (2008)	Speicherhilfe, Kommunikationshilfe	Formprototyp, Prozessprototyp
Feedbackmanagement					
- Produktanpassungen und -veränderungen	Andreasen und Hein (1987)	- Produktmodell nutzen, um Anpassungen und Veränderungen zu prüfen und zu dokumentieren	Brown (2008)	Evaluationshilfe, Speicherhilfe, Kommunikationshilfe	Formprototyp, Prozessprototyp

Handlungsfeld B5: Produktanpassung

Kriterien der Produktentwicklung	Quelle: Kriterien	Prototypeneinsatz	Quelle: Prototyp	Prototypenzweck	Prototypenart
Produktüberarbeitungen					
- Kurzfristige Produktanpassungen durchführen - Langfristige Produktanpassungen planen	Andreasen und Hein (1987)	- Prototypen zum Testen, Umsetzten und Dokumentieren von Feedback einsetzten	Brown (2008); Fritzson (2011)	Evaluationshilfe, Speicherhilfe	Funktionsprototyp
Recycling					
- Wiederverwendung, Wiederverwertung, Endlagerung und Beseitigung planen	Ehrlenspiel und Meerkamm (2013)	- Prototypen verwenden, um Demontageversuche und Verpackungsuntersuchungen im Hinblick auf Recycling durchzuführen	Siddique und Rosen (1997); Gebhardt (2000)	Analysehilfe, Evaluationshilfe, Lösungshilfe	Formprototyp, Prozessprototyp

Handlungsfeld C5: Produktion

Kriterien der Produktentwicklung	Quelle: Kriterien	Prototypeneinsatz	Quelle: Prototyp	Prototypenzweck	Prototypenart
Produktionsfreigabe					
- Finalen Stand der produktionsspezifischen Entwicklung festlegen und freigeben	VDA (2009)	- Erstprodukt bzw. Produktprototyp nutzen, um Evaluierung des gesamten Produktionsprozesses durchzuführen - Produktmodell als Produktionsmuster bereitstellen	Pennella (2006); Cappels (2000)	Evaluationshilfe, Speicherhilfe, Kommunikationshilfe	Formprototyp, Prozessprototyp
Schaffung und Aufrechterhaltung einer laufenden Produktion					
- Langfristige (Serien-)Produktion sicherstellen - Instandhaltung der Produktion	Andreasen und Hein (1987); VDA (2009)	- Prototypen zur Fehlerprüfung, Fehlerbeseitigung und Instandhaltung der Produktion einsetzen	National Research Council (1990)	Analysehilfe, Evaluationshilfe, Lösungshilfe	Funktionsprototyp, Prozessprototyp

A.2. Allgemeine Berechnungsparameter für das Fallbeispiel zu Modul 1

Personalkosten

Mitarbeiter	Tätigkeiten	Kosten	Anmerkung
Monteur	Durchführung der Montageprozesse	35 € / h	
Einkäufer	Kompletter Beschaffungsprozess für Vorprodukte	50 € / h	
Bediener 3D-Drucker	Führt Druckprozesse durch	62,5 € / h	Bei Druckprozessen nur zu 20% berechnet!

Maschinenkosten

Maschine	Anschaffung	Abschreibung	Wartungs-aufwand / Jahr	Betriebszeit	Ausfall-zeitanteil	Strom-verbrauch
Standbohrmaschine	500 €	8 Jahre	5 % der Anschaffung	500 h/a	5%	1,2 kWh
Winkelschleifer	250 €	8 Jahre	5 % der Anschaffung	500 h/a	5%	1,0 kWh
3D-Drucker Ultimaker 2+	2071 €	5 Jahre	10 % der Anschaffung	500 h/a	5%	0,2 kWh

Betriebsstoffkosten (bzw. hier Stromkosten)

Stromkosten	0,25 € /kWh	(nur bei Maschinennutzung direkt erhoben, ansonsten Annahme, dass in Gebäudekosten enthalten)

Sonstige Betriebsmittelkosten (bzw. hier Kosten für Gebäudeinfrastruktur)

Kalkulatorische Gebäudemiete	8 € /Monat	(hier wurden ein Pauschalwerte angenommen, weil von übersichtlichen Fertigungsprozessen ausgegangen wird. Im Softwaretool können diese Werte aber auch Teilprozess-spezifisch angegeben werden)
Nutzungsstunden pro Jahr	3600 h	
Platzbedarf der Teilprozesse	8 m²	

Ausschusskosten

Bei Druckprozessen: Pauschal Annahme von 2% Ausschusswahrscheinlichkeit (Wert basiert auf Experteninterviews mit Druckdienstleistern)

Bei sonstigen Prozessen: Ausschusswahrscheinlichkeit gemäß eigener Beobachtung bei Herstellung des Produktes

Bei allen Prozessen: Fehlerentdeckungswahrscheinlichkeit von 100% angenommen

Gemeinkostensätze

Kostenart	Gemeinkostensatz (% der Einzelkosten)	Kostenart	Gemeinkostensatz (% der Einzelkosten)
Werkstoffkosten	10%	Hilfsstoffkosten	10%
Maschinenkosten	10%	Sonst. Betriebsmittelkosten	10%
Betriebsstoffkosten	10%	Personalkosten	10%

A.3. Technische Daten der verwendeten Prüfmittel

Tabelle 6-1: Technische Daten des Messschiebers von Helios Preisser[287]

Operating Temperature	+10°C…+40°C
Storage Temperature	-10°C…+60°C
Measuring Range	150mm
Resolution	0,01mm
Error Limit (mm)	0,02mm for 0-100mm 0,03mm for 100-150mm
Max. measuring speed	2,5 m/s (100"/s)
Energy capacity	3A

Tabelle 6-2: Technische Daten des KMG Zeiss PRISMO

Operating Temperature	+18°C…+20°C
Storage Temperature	-10°C… +60°C
Measuring Range	x=900mm y=1200mm z=650mm
Maximum permissible Error	0.9 + L/ 350µm
Max. measuring speed	2,5 m/s (100"/s)
Energy capacity	2500 VA

[287] Fabrikat des Messschiebers: DIGI-MET Taschenmessschieber 1/100 150x40mm TM eckig

A.4. Algorithmus zur Berechnung des Stützstrukturvolumens ausgehend vom Grenzwinkel für die Generierung von Stützmaterial und der STL-Datei

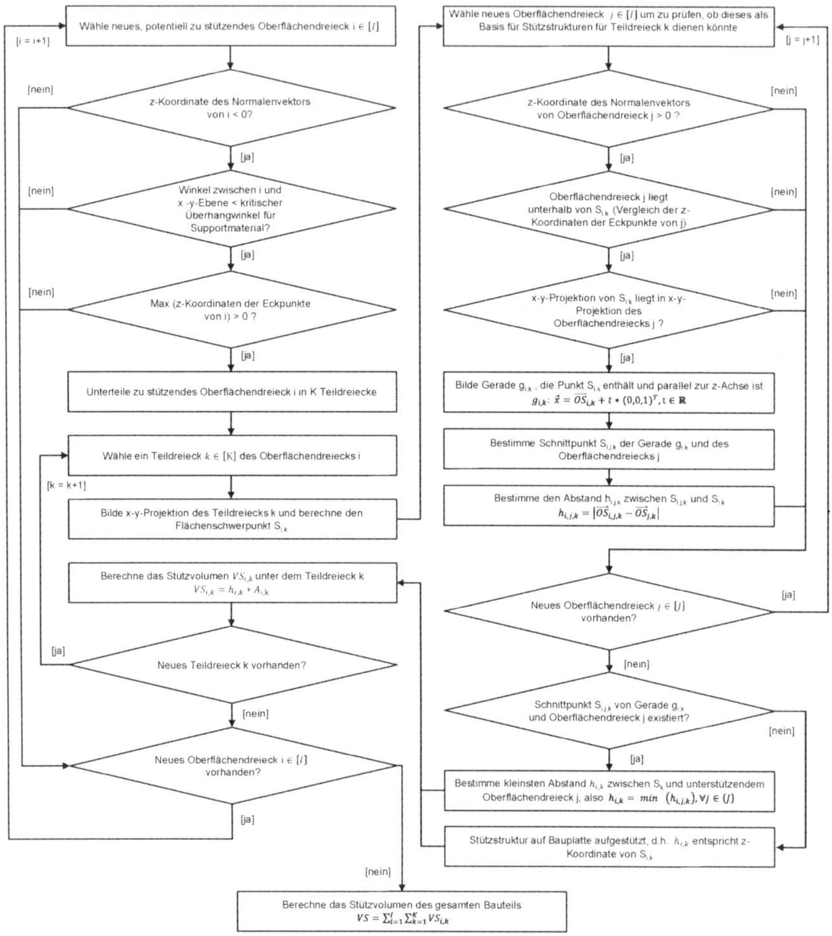

A.5. Algorithmus zur Berechnung der Länge der Außenkonturen und des Flächeninhaltes einer Bauteilschicht

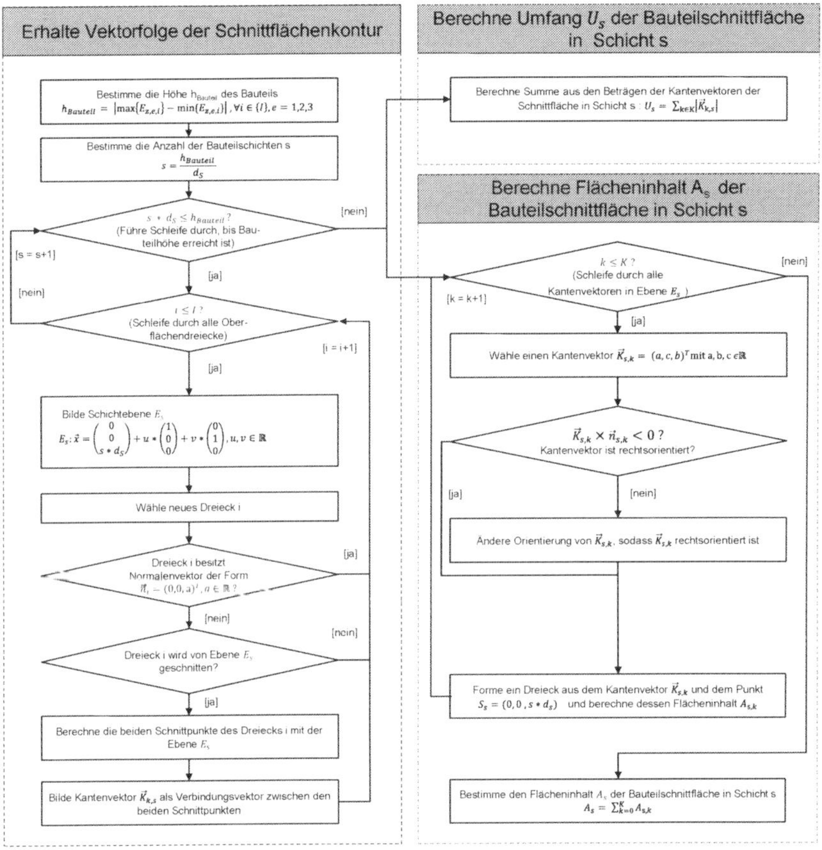

A.6. Technische Daten des FDM-Druckers

Tabelle 6-3: Technische Daten des 3D-Druckers "Ultimaker 2 Extended"[288]

Technische Daten	Werte des "Ultimaker 2 Extended"
Maximum built volume	223 mm x 223 mm x 305 mm
Power consumption	221 W
nozzle operating temperature	180°C to 260°C
Nozzle diameter	0.4 mm
Base plate heating	Yes
Software	Cura 2.7.0

Es wurde eine Vielzahl an Vorversuchen mit unterschiedlichen Maschineneinstellungen durchgeführt, um die optimalen Maschinenparameter zu identifizieren. In Tabelle 6-4sind die eingestellten Maschinenparameter aufgelistet.

Tabelle 6-4: Eingestellte Maschinenparameter

Maschinenparameter	Gewählte Werte
Layer thickness (mm)	0.15
Infill density (%)	25
Infill pattern	Cubic
Print speed (mm/s)	45
Cooling fan speed (%)	50
Nozzle temperature (°C)	210
Heated base plate	on

Für alle Probekörper, welche nach dem FDM-Verfahren hergestellt werden, wird als Druckmaterial Filament mit einem Durchmesser von 1,75mm bestehend aus PLA gewählt und es wird jeweils nur ein Probekörper pro Druckvorgang hergestellt.

[288] Vgl. Ultimaker (Ultimaker 2 Extended - User Manual - V2.1) (2015), S. 7.

In der Reihe **Ergebnisse aus der Produktionstechnik** zuletzt erschienen:

Voet, Henning:
Ermittlung der Qualitätskosten bei Bauteilen mit unsicherheitsbehafteten geometrischen Merkmalen durch additiv gefertigte Prozessprototypen in Kleinserien
ISBN: 978-3-98555-242-9
Erscheinungsdatum: 17.10.2024

Föhlisch, Nils:
Klassifikationsbasierte Planung flexibler, flussorientierter Mixed-Model-Montagestrukturen
ISBN: 978-3-98555-231-3
Erscheinungsdatum: 16.09.2024

Kessler, Niklas:
Transformation zur digital vernetzten Wertschöpfung im Werkzeugbau
ISBN: 978-3-98555- 232-0
Erscheinungsdatum: 02.09.2024

Spierling, Robert:
Abbildung thermo-elastischer Fehler von Fräsmaschinen auf Basis des photoelektrischen Effekts und eines lernenden Modells
ISBN: 978-3-98555-208-5
Erscheinungsdatum: 12.08.2024

Hähnel, Sebastian:
Das variationskraftgeregelte, schwingungsunterstützte Schleifen von gekrümmten Werkzeugstahloberflächen mit gummigebundenen Schleifstiften
ISBN: 978-3-98555-225-2
Erscheinungsdatum: 22.07.2024

Latz, Tim:
Methodik zur Förderung von Deep-Tech im Maschinenbau
ISBN: 978-3-98555-243-6
Erscheinungsdatum: 14.10.2024

Keuper, Alexander:
Kompetenzbasierter Ressourceneinsatz in Multientwicklungsprojekt-umgebungen
ISBN: 978-3-98555- 236-8
Erscheinungsdatum: 09.09.2024

Rodemann, Niklas:
Resiliente Produktionsnetzwerke durch datenbasierte Früherkennung
ISBN: 978-3-98555-228-3
Erscheinungsdatum: 12.08.2024

Eckel, Hans-Martin:
Kinematische Analyse von Spindellagern unter statischen und dynamischen Kräften
ISBN: 978-3-98555-226-9
Erscheinungsdatum: 01.08.2024

Kosel, Maximilian:
Prozess- und Maschinenentwicklung für das kontinuierliche, variotherme Heißprägen
ISBN: 978-3-98555-223-8
Erscheinungsdatum: 16.07.2024

Edition Wissenschaft
Apprimus

Lender, Benjamin:
Datenbasierte Identifikation von Heuristiken für das Entwicklungsmanagement
ISBN: 978-3-98555-219-1
Erscheinungsdatum: 16.07.2024

Löffler, Bernd:
Additiv gefertigte Kunststoffwerkzeuge für das Tiefziehen von Feinblech
ISBN: 978-3-98555-211-5
Erscheinungsdatum: 27.05.2024

Schopen, Marco:
Datenbasierte hybride Analyse und Gestaltung von Geschäftsprozessen
ISBN: 978-3-98555-217-7
Erscheinungsdatum: 22.05.2024

Seelbach, Tobias:
Prädiktion der Maßhaltigkeit beim Räumen von Profilnuten
ISBN: 978-3-98555-213-9
Erscheinungsdatum: 21.05.2024

Theling, Julian:
Auslegung von Planetengetrieben im elastischen Verzahnungsumfeld unter Berücksichtigung der Wechselwirkungen des Mehrfacheingriffes
ISBN: 978-3-98555-205-4
Erscheinungsdatum: 26.03.2024

Schukat, Esben:
Kapazitätsorientierte Auftragsfreigabe in matrixstrukturierten Montagesystemen
ISBN: 978-3-98555-189-9
Erscheinungsdatum: 20.02.2024

Lukas, Gerret:
Gestaltungsmodell zur thermischen Auslegung additiver Prototypenwerkzeuge aus Kunststoff
ISBN: 978-3-98555-209-2
Erscheinungsdatum: 03.06.2024

Dackweiler, Jonas:
Planungseffizienz und -effektivität durch Plattformbasierte Fabrikplanung
ISBN: 978-3-98555-220-7
Erscheinungsdatum: 27.05.2024

Scholzen, Philipp:
Auslegung geräuschoptimierter pulvermetallurgischer Stirnradverzahnungen
ISBN: 978-3-98555-216-0
Erscheinungsdatum: 21.05.2024

Fiedler, Falko:
Produkt- und prozessseitige Auslegung von bauteilintegrierten Vorrichtungsfunktionen
ISBN: 978-3-98555-206-1
Erscheinungsdatum: 02.04.2024

Hohenstein, Steffen:
Multidirektionaler Aufbau in der additiven Fertigung von Kunststoffen
ISBN: 978-3-98555-203-0
Erscheinungsdatum: 05.03.2024

Ochel, Janis:
Datengetriebene Strukturierung von NC-Zerspanprozessen
ISBN: 978-3-98555-204-7
Erscheinungsdatum: 14.02.2024

Edition Wissenschaft
Apprimus

FSC
www.fsc.org
MIX
Papier | Fördert gute Waldnutzung
FSC® C083411

Zeitfracht Medien GmbH
Ferdinand-Jühlke-Straße 7
99095 Erfurt, Deutschland
produktsicherheit@kolibri360.de